探索面包本真

张高杰 主编

林业强 徐伟男 副主编

中国轻工业出版社

图书在版编目（CIP）数据

探索面包本真 / 张高杰主编；林业强，徐伟男副主编．—北京：中国轻工业出版社，2022.4

ISBN 978-7-5184-3874-7

Ⅰ．①探… Ⅱ．①张… ②林… ③徐… Ⅲ．①面包—烘焙 Ⅳ．① TS213.21

中国版本图书馆 CIP 数据核字（2022）第 017274 号

责任编辑：胡　佳　　责任终审：劳国强　　整体设计：锋尚设计

策划编辑：张　弘　胡　佳　　责任校对：朱燕春　　责任监印：张京华

出版发行：中国轻工业出版社（北京东长安街6号，邮编：100740）

印　　刷：北京博海升彩色印刷有限公司

经　　销：各地新华书店

版　　次：2022年4月第1版第1次印刷

开　　本：710×1000　1/16　印张：15

字　　数：300千字

书　　号：ISBN 978-7-5184-3874-7　定价：98.00元

邮购电话：010-65241695

发行电话：010-85119835　传真：85113293

网　　址：http://www.chlip.com.cn

Email：club@chlip.com.cn

如发现图书残缺请与我社邮购联系调换

211248S1X101ZBW

作者简介

主编　张高杰

全国技术能手
全国轻工技术能手
高级技师（一级）
全国职业技能鉴定高级考评员、督导员
全国焙烤职业技能竞赛裁判员
中国焙烤食品糖制品工业协会职业技能工作委员会副秘书长
烘焙技术BTA会长
世界面包大使（中国）、中国区认证导师
2020年第一届中华人民共和国职业技能大赛国赛精选烘焙项目裁判
2020年第一届内蒙古职工职业技能大赛裁判长
第21届全国焙烤职业技能竞赛北京赛区冠军、全国银奖
第22届全国焙烤职业竞赛福建赛区冠军
第22届全国焙烤职业技能竞赛总决赛冠军
第一届“安琪酵母杯”全国职院在校生创意面包大赛专家评审团成员
第七届、第八届世界面包大赛中国区裁判
第一届世界面包大使（中国）青年精英赛裁判
《第七届世界面包大赛中国队决赛作品集》主编

副主编　林业强（水哥）

全国技术能手

国家职业技能鉴定考评员

全国焙烤行业职业技能竞赛裁判员

世界面包大使（中国）

“麦子熟了”面包学院创始人

烘焙技术BTA执行会长

2019年“安琪酵母杯”全国烘烤职业技能竞赛冠军

第七届世界面包大赛华北区冠军

第七届世界面包大赛中国区总决赛亚军、最佳法棍奖

德国iba世界面包师大赛华东区冠军、最佳基本面包奖及最佳宴会面包奖

2020年第三届意大利国际城市面包杯中国代表选手

2021年第八届世界面包大赛中国区总决赛冠军、最佳健康营养面包奖、最佳维也纳甜面包奖、最佳国家特色面包奖

2021年德国iba世界面包师大赛中国区总决赛冠军、最佳基本面包奖

2021年第六届路易乐斯福杯世界烘焙大赛华东赛区欧包组冠军

第46届世界技能大赛中国集训队考核烘焙项目裁判

副主编　徐伟男

江西省技术能手
烘焙技术BTA副会长
世界面包大使（中国）
“麦子熟了”面包学院市场部负责人
面包技术网络学院负责人
2017年“安琪酵母杯”北京赛区冠军、上海决赛亚军
2018年世界面包大赛北京赛区冠军
2018年世界面包大赛华北分赛区亚军
2019年世界面包大赛中国区总决赛最佳营养健康面包奖、最佳人气面包师奖
2020年江西省振兴杯金奖
2020年德国iba世界面包师大赛华南赛区艺术面包冠军
2021年德国iba世界面包师大赛总决赛艺术面包季军
2021年第四届意大利国际烘焙杯中国选拔赛南京赛区冠军

推荐序

烘焙市场快速发展，货品琳琅满目，被我选中的面包却不多，并不是我口味挑剔。如今的面包要么过于松软，要么甜度超高，要么热量过剩。我很注重食物的本真，注重纯正的味道，过多的辅料和过度的加工会使人迷惑，会偏离健康的需求。多年来我一直致力于探索面包的本真，这种探索也是全球面包大使的新使命。在各行各业高速发展的今天，希望食品加工行业能够放慢步伐，更注重还原食物本身的味道，重现手工工艺，让面包更加营养健康，更具个性。

本书融合了世界面包大使团的新技术和新理念，结合市场需求对面包做了精准的升级，涵盖了传统经典和市场流行产品共5大类近40个品种；从种面培养到面包制作，全面讲解了传统面包制作的本真及要点，还结合市场需求，分享了更加营养健康、外形美观的流行产品。希望大家通过阅读此书，理解面包本真的概念，举一反三、学以致用，共同磨炼烘焙技艺。再此我也感谢作者们的辛勤付出。

曹继桐

曹继桐烘焙艺术馆创始人

世界面包大使团中国区主席

见到同仁高杰、业强、伟男的新作《探索面包本真》，十分欣慰。

“书中自有黄金屋，书中自有颜如玉，书中自有千钟粟，书中自有稻粱谋。”这本聚集作者多年从业经验，用心写就的烘焙感悟，会给烘焙从业者和爱好者颇多启迪。

“合抱之木，生于毫末；九层之台，起于累土；千里之行，始于足下。”此书可以为读者从事烘焙行业打下扎实的基础。我想，这也是作者的一份心意，谢谢！

史见孟

中国西点烘焙教育培训事业开拓者和奠基人

中国改革开放40周年中国焙烤食品糖制品产业“终身荣誉奖”获得者

如今面包已经成为人们生活中不可或缺的一种美食，不管是一日三餐还是午后茶点，都能看到面包的影子。面包以其特有的奶香味和松软的口感在日常生活中颇受人们喜爱。

《探索面包本真》这本书是由全国技术能手张高杰老师，联合行业内两位冠军林业强师傅、徐伟男师傅共同编著，本书深入讲解了烘焙理论知识、食材如何搭配、工艺流程实践的运用，是值得学习的一本烘焙好书。匠心源于专注和传承，推荐本书与诸君共勉。

黎国雄

焙烤行业首位“全国技术能手”获得者

第46届世界技能大赛糖艺、西点项目中国技术指导专家组组长

《探索面包本真》由张高杰、林业强、徐伟男三位烘焙师悉心编写而成，可喜可贺!

当烘焙同仁看完此书并真正理解时，会发出源自心底的“噢”，“噢！原来是这样!”“噢！应该是这样!”人的能力发展是与他所发出的“噢”的次数成正比，看完此书便豁然开朗了。

《探索面包本真》是辛劳、是总结、是提升、是收获，是十月怀胎一朝分娩的喜悦。

时势造英雄、生逢正当时。国家的强盛、经济的兴旺、烘焙的发展造就了我们这一代烘焙师。

《探索面包本真》是对烘焙的理解与演绎，向我们展示了当代烘焙师的魅力与风采。

干文华

轻工大国工匠

国务院政府特殊津贴专家

上海市现代食品职业技能培训中心校长

序言 1

挚爱烘焙、薪火相传

18年前与烘焙偶然相遇，从相识、相知到相爱、相随，感触颇深。

我一直把烘焙当成是家，把面包当成是最爱的她，只有用心去对待，用温暖的双手去呵护，经过打好感情基础（搅拌）、耐心相处（发酵）和互相磨合（成形），才能将这份情感保持住热恋（烘烤）的感觉，最终得到完美的她。

烘焙带给了我一切，有辛酸、有惊喜、有友谊、有感动，更多的是平实与幸福。感恩所有的遇见！

现在我把与面包“恋爱”的经历与收获分享给大家，与更多热爱烘焙的职人一起探讨、传承烘焙技术，创造烘焙的未来。更重要的是找到烘焙中的乐趣！

此书共分6个部分，含7款基础种面、5大类近40款面包，希望能带给大家甜蜜和幸福。

張高杰

张高杰

2021年12月20日

序言 2

产品才是王道

中国烘焙业近几年来从多个方面快速发展，市场细分、技术比赛、原材料设备、包装形象、定位运营、文化传承、资本运作等多方面推动着行业快速前行，但无论怎么发展，我始终认为产品才是王道，产品才是行业的根本，产品质量才是让客户认同的重要吸引力。鉴于这一点，20年的时间里，我一直守在烤炉边，去跟每一个出炉的面包进行交流，如何才能制作出更好的产品。

在这个过程中，从门店师傅到厂家技师、从店面老板到培训机构和赛事选手，都围绕着这一件事而做。只做这一件事的经过略显乏味无趣，而书是可以让人在这个过程中求知、解惑、有更高目标并砥砺前行的重要因素；书可以使我们了解更多产品，更多技术，更多相关知识、信息与创意的重要渠道。

很荣幸本次与张高杰老师、徐伟男老师一起合作了这本面包书。

本书融人了我们3位本土面包师近20年的专业深耕细作，书中集合了多种类型的面包产品和酵种的做法，用文字、图片、视频详细讲解了本土畅销面包产品的设计、食材运用、制作要点，特别分享了更加适应国内烘焙市场的产品技术精髓。

希望本书对更多喜欢面包的同仁有所帮助与提升，那么就不枉奋斗了无数个深夜的我们了。

林业强

2021年12月25日

序言 3

在路上

非常有幸能够与烘焙技术（BTA）张高杰会长、林业强执行会长合作此书。

我本人从事烘焙行业12年，自始至终认为在烘焙技术领域的这片蓝海里还需多加努力。因为烘焙技术没有大家想象得那么简单。

初中毕业后我就步入了烘焙行业，开始的想法很简单，学一门技术，为以后谋生计。这也是绝大多数人在完成学业时的想法。在从业的前5年，每天按部就班，日子一天天井然有序地过着，平淡且平凡。突然我觉得自己不能再这样平凡下去了，我还很年轻，要去追求更高、更精湛的烘焙技术。从此我踏上了漫长的、追求更好烘焙技术的道路。

通过行业媒体了解各类赛事信息后，我抱着历练自己的想法陆续参加了国内外各种面包品类的比赛，从比赛中认识了很多优秀的烘焙师，还结识了很多朋友，也发现了在烘焙行业有很多特别优秀的烘焙人，这也鼓励着我要将烘焙技术深耕下去，并分享给对此有需要的烘焙人。

本书融合了我对国内烘焙市场十多年的了解与总结，分享了5大类别、近40款产品，通过不同的配方、面粉应用、制作技法、成形方式以及技巧全方面演示了制作面包的全过程。

希望各位烘焙专业人士以及爱好者通过本书能够学习到更多的知识，掌握更多的技术与产品制作方法，从而最大化实现自我价值！

徐伟男

2021年12月25日

目 录

CHAPTER 1
种面

风味种面	14
液种	15
烫种	16
全麦烫种	17
红酒种	18
葡萄种	19
鲁邦种	20

CHAPTER 2
亚式软面包类

日式樱花红豆包	26
韩式麻子面包	32
阳光菠萝包	38
双薯芝士包	43
香料盐可颂	48
日式经典巧克力甘纳许	53
韩式菠萝包	58

CHAPTER 3
吐司类

100%全种全麦吐司	64
100%高含水咸芝士吐司	70
英式脆皮吐司	75
温泉吐司	79
枫糖黑芝麻吐司	84
浴缸吐司	94

CHAPTER 4
可颂开酥类

法式弯月羊角 100
巧克力可颂 108
炫彩可颂、炫彩陀螺 112
日式可颂 118
布朗巧克力 127
咖喱皇冠 134

CHAPTER 5
软欧面包类

富有的南瓜 142
芝薯芋泥 149
南红金瓜 154
金枪鱼的幻想 160
榴莲爸爸 165
韦德之恋 171

CHAPTER 6
欧法面包类

碱水面包 179
芝心红豆碱水球 183
意式传统恰巴塔 187
脆皮贝果 193
佛卡夏 198
芝士多谷物 202
法式多谷物 208
德国黑面包 211
考恩杂粮 216
俄罗斯大列巴 221
裸麦红酒无花果 226
冠军法棍 233

CHAPTER 1

种面

风味种面

此款种面除了拥有发酵种的作用之外，因使用了三合一发酵粉，所以还具有了水果风味、鲁邦风味、发酵风味融为一体的浓郁风味，适合各种面包使用。

配方

原料名称	重量（克）
高筋粉	500
酵冠三合一发酵粉	30
水	350

制作流程

1 将所有材料混合。

2 搅拌均匀，至无干粉状态。

3 将搅拌好的面团装到容器中。

4 用保鲜膜将容器封口，26～28℃发酵4小时。

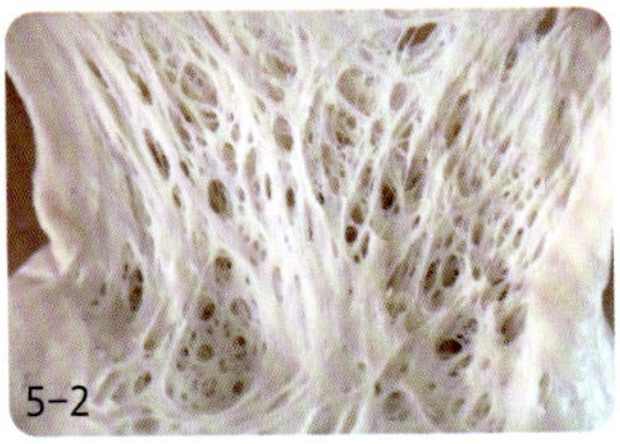

5 冷藏一夜至原体积的2.5倍大小，可拉出明显发酵的网络状即可。

液种

液种接近液体状态，跟鲁邦液种状态很像，因是波兰人发明的，所以也被称为波兰种。水跟面粉的比例是1：1，含水量较多，水合浸泡作用完全。加到面团当中去，除了应有的种面作用外，它的发酵味也比较温和，保湿性相对突出，制作方便快捷。

配方

原料名称	重量（克）
顶焙良品精制面包粉	200
鲜酵母	2
水	200

制作流程

① 将所有材料混合。

2-1

2-2

② 搅拌均匀至无干粉状态。

3-1

3-2

③ 装入容器中，封口，26～28℃发酵约6小时。

④ 发酵至原体积的3倍大小，可拉出明显的发酵网络状即可，放入冰箱冷藏备用，2天内使用效果最佳。

烫种

烫种是利用淀粉糊化的原理，添加到面包当中使用的。

将煮沸的水与面粉进行搅拌，将面粉烫熟，使面粉中的淀粉充分糊化。加入烫种的面团能够提高吸水率，让面团的气泡细化。同时有良好的锁水性，让烘烤出来的成品更加柔软，组织细腻，能够延长产品的保鲜期。

配方

原料名称	重量（克）
顶焙良品精制面包粉	100
开水	100

制作流程

2-1

2-2

1 将高筋粉与开水倒入盆中，迅速搅拌。

2 搅拌成面糊状。

3-1

3-2

3 取出，用保鲜膜密封，冷藏储存，隔夜使用。

全麦烫种

全麦面包粉中含有大量麸皮，如果不经过调制烫种或浸泡处理，搅拌到面团中，麸皮会对面筋产生很大的影响。同时全麦麸皮会吸收面团中的水分，导致后期制作时面团偏硬，烘烤膨胀性小，成品体积小，口感偏干，易老化。

所以将全麦面包粉调制成烫种添加到面团中，能让面团提高吸水率、保湿性和柔软度等。

配方

原料名称	重量（克）
顶焙良品全麦面包粉	100
开水	100

制作流程

1 将全麦面包粉与开水倒入盆中。

2 迅速搅拌成面糊状。

3 取出，用保鲜膜密封，冷藏储存。隔夜使用。

红酒种

红酒种是在水果种（葡萄种）的基础上添加了红酒，红酒跟面粉结合、发酵，让面团中出现明显的红酒发酵香气，色泽也呈现酒红色，是一种有创意、有特点的酵种做法。

配方

原料名称	重量（克）
高筋粉	225
葡萄液	100
红酒	75

制作流程

1 将高筋粉、葡萄液、红酒混合。

2-1

2-2

2 搅拌均匀。

3-1

3-2

3 26～28℃发酵约12小时，发酵至原体积2.5倍大小，冷藏备用。

葡萄种

葡萄种是将葡萄中的酵母菌剥离到葡萄液中，再把含有酵母菌的葡萄液跟面粉混合，利用葡萄液中的酵母菌来进行发酵。由于是天然的酵母菌，所以发酵的活力稍差，需要较长时间发酵，完成后的种面就是葡萄种。葡萄种的作用有：①因葡萄中有果酸、果糖，所以保湿性、乳化性更好，同时具有葡萄风味。②长时间发酵使面粉和葡萄液的结合更完全，发酵更充分，面团的熟成度会更好，通常在软欧面包中使用较多，其他的面包也可以使用。

配方

原料名称	重量（克）
顶焙良品精制面包粉	500
酵冠葡萄液	350

制作流程

1 将所有材料混合。

2 搅拌均匀至无干粉状态。

3 放入容器中，26～28℃发酵12小时。

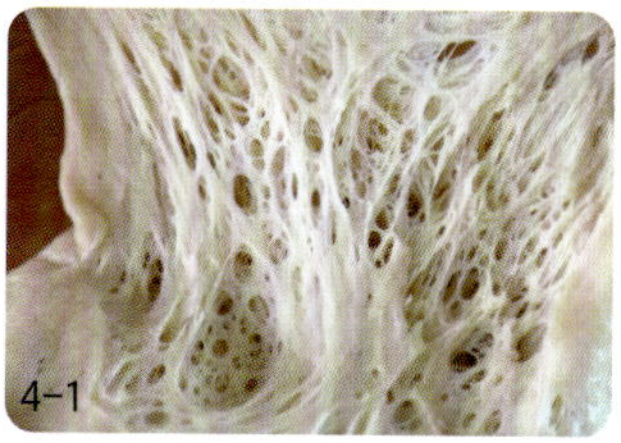

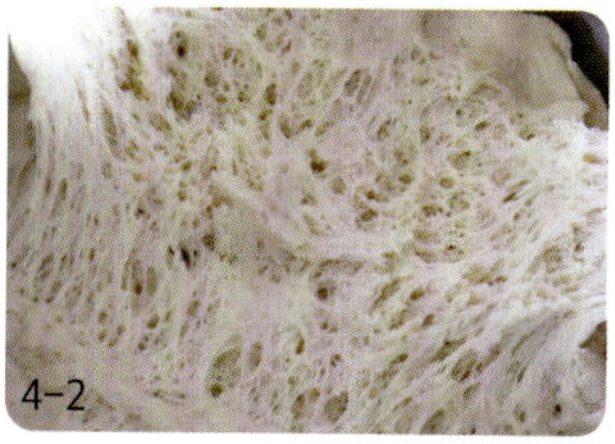

4 发酵至原体积的2.5倍大小，可拉出明显的发酵网络状，冷藏备用即可，3天内使用效果最佳。

鲁邦种

鲁邦种起源于欧洲，用于制作欧式面包，软质面包中也会少量添加，是目前面包师应用最多的一种种面。鲁邦种是天然酵母种的一种，以附着在面粉中的菌种进行发酵，不添加工业培养的酵母，将面粉、水搅拌后密封在干净的容器中，在舒适的温度环境下长时间多次蓄养，利用面粉表面与控制中的酵母菌进行发酵得来。

鲁邦种当中的乳酸菌与酵母菌比例是100：1，其他菌种几乎为零，非常稳定。使用鲁邦种最大的目的在于乳酸效果好，能够使谷物风味更加浓郁，外部松脆口感更加明显，提升面团乳酸发酵风味，延缓面包老化，避免其他细菌滋生，保持面包良好的湿润度。

鲁邦种有固态鲁邦种、液态鲁邦种两种应用方法：最初是以固态形式制作面包的。在冰箱发明前，烘焙师每天都要重新搅拌培养固态鲁邦种，这种形式发酵缓慢，不易储存。后来有了冰箱，大大缩短了工作时间，固态鲁邦种渐渐转换成液态鲁邦种培养方式，其发酵速度快，能够借助冰箱冷藏控制鲁邦种的温度与发酵时间，不再需要每天培养，在种面操作及储存上更便捷、更省事。

配方

第一天

原料名称	重量（克）
顶焙良品全麦面包粉	100
纯净水	100

第二天

原料名称	重量（克）
原种	100
顶焙良品欧式面包专用粉	100
纯净水	100

第三天

原料名称	重量（克）
原种	100
顶焙良品欧式面包专用粉	100
纯净水	100

第四天

原料名称	重量（克）
原种	100
顶焙良品欧式面包专用粉	100
纯净水	100

第五天

原料名称	重量（克）
原种	100
顶焙良品欧式面包专用粉	100
纯净水	100

制作流程

第一天 起种

1 准备好原料。容器消毒，放入全麦面包粉、水混合。

2 搅拌均匀。

3 用保鲜膜密封好，26～28℃发酵24小时。

第二天 喂养

1 容器消毒，将第一天的原种取出100克，加水混合。

2 搅拌均匀，将原种瀰开。

3 加入面粉搅拌均匀。

④ 装入容器中。

⑤ 密封，26～28℃发酵12小时。

第三天 喂养

① 容器消毒，将第二天的原种取出100克，加水混合。

② 加入面粉，搅拌均匀。

③ 装入容器中。

④ 密封。

⑤ 26～28℃发酵12小时。

第四天 喂养

① 容器消毒，将第三天的原种取出100克，加水混合。

② 加入面粉。

③ 搅拌均匀。

❹ 装入容器中。

❺ 密封，26～28℃发酵12小时。

第五天 喂养

❶ 容器消毒，将第四天的原种取出100克，加水混合。

❷ 加入面粉。

❸ 搅拌均匀。

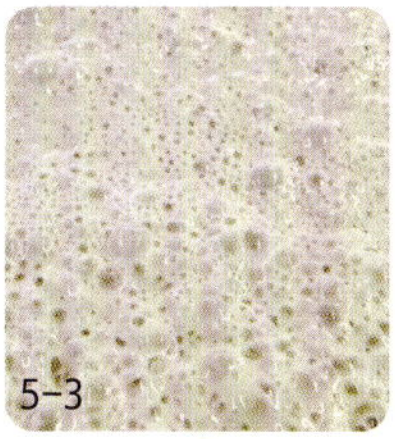

❹ 装入容器中。

❺ 密封，26～28℃发酵12小时。

技术要点

1. 鲁邦种起种过程中所使用的器皿、工具要进行消毒。
2. 鲁邦种的pH在起种、发酵过程中会逐渐降低，pH在3.8～4.0使用最佳。
3. 鲁邦种要放置于温度26～28℃的环境下进行起种发酵。
4. 夏天室温下可适当缩减发酵时间；冬天室温下可适当延长发酵时间。

本书中所用到的发酵产品，均为以果蔬为原料的酵素液、酵素泥、酵素粉等天然酵母菌群产品，通过精心培育，更适合本土口味，对人体有益。

神木康焙德生物科技有限公司是一家集研发、生产、销售一体化的生物发酵企业，是国内首个建立天然酵种培育基地和工业化生产线的品牌企业。用他们的发酵产品“酵冠”，能够制作出种类繁多的发酵食品，让人百吃不厌！

CHAPTER 2

亚式软面包类

日式樱花红豆包

红豆包是日本国民经典面包，非常受亚洲市场喜欢，畅销多年，此款红豆包在原有基础上添加了樱花风味，让成品面包口味更加有特点。

配方

主面团

原料名称	重量（克）	烘焙百分比
顶焙良品日式面包粉	1000	100%
细砂糖	220	22%
盐	10	1%
脱脂奶粉	20	2%
鲜酵母	30	3%
炼乳	50	5%
蛋黄	200	20%
水	440	44%
风味老面	100	10%
黄油	100	10%
总重	2170	217%

装饰用

蛋液、盐渍樱花　适量

制作流程

1 面团搅拌

① 将除黄油外的所有原料一起放入缸中搅拌。

② 慢速拌匀后快速搅拌至扩展阶段，可拉出带锯齿状的薄膜。

③ 加入黄油继续搅拌均匀。

④ 搅拌至完全扩展，即可出缸。

⑤ 面团出缸温度26～28℃。

2 基础发酵

① 将搅拌好的面团放入发酵箱中进行发酵，发酵温度28～32℃，时间40～50分钟。

② 发酵至原体积的1.5倍大小。

3 分割、预成形

① 将基础发酵好的面团进行分割，每个重量50克。

② 将分割好的面剂滚圆。

4 中间松弛

① 将预成形好的面团用保鲜膜盖好，放入冰箱中冷冻30分钟。

② 转移到3℃的冰箱中冷藏一夜。

5 成形

① 将松弛好的面团从冰箱取出，擀平，擀成直径10厘米的圆形面皮。

② 包入60克樱花红豆馅（见P30）。

③ 包好后整理成圆形。

6 最后发酵

❶ 将成形的面团放入发酵箱中发酵，温度32℃，湿度80%，时间60分钟左右。

❷ 发酵至原体积的2～2.5倍大小。

7 烤前装饰

❶ 将发酵好的面团刷上蛋液。

❷ 放上盐渍樱花进行装饰。

注：盐渍樱花需要将表面的盐粒清洗干净。

8 烘烤

❶ 将装饰好的面团烘烤：上火220℃，下火170℃，烘烤时间约6分钟。

❷ 烘烤至表面金黄，即可出炉。

9 成品图展示

心得分享

红豆包的制作重点是面团质量要好，软、松、断口性好，烘烤时间要短才能更好地保湿，红豆馅甜度适中、豆香味浓郁，包的馅料要够多，馅料与面团比例在1：1以上。

配方

樱花红豆馅

原料名称	重量（克）
红豆（浸泡好）	230
水	800
砂糖	112
淡奶油	200
樱花酱	80

现成红豆馅

原料名称	重量（克）
京日红豆馅	400
淡奶油	100
樱花酱	80

注：馅料制作如果想简单一些的话，也可以使用现成低糖红豆馅，加入淡奶油、樱花酱煮制，从此步骤开始即可。

制作流程

1 将红豆用适量水浸泡一晚，清洗干净。

2 加入配方中的水，用锅煮至豆都软化，同时也将水煮至干爽状态。

3 加入砂糖继续煮。

4 煮至干爽状态。

5 放入锅中，加入淡奶油。

6 煮至干爽状态后加入樱花酱拌匀即可。

7 盛出，用保鲜膜贴面密封，冷却备用。

京日 Kyo nichi®

一粒一粒的爱®

京日馅料

本书配方中所采用的京日馅料，精选产自东北黑土地的优质原料，通过多道工序甄别原料质量，保证天然、优质、营养、健康。

京日低糖度红豆馅

特点：豆香浓郁、颗粒感十足，甜感适中。

适用：无论是搭配松软的面包还是有层次感的甜品，都美味十足。

除豆沙、豆馅外，京日馅料还包括紫薯馅、南瓜馅、栗子馅、燕麦馅等。

作为水豆沙工业化生产的先行者，京日始创于1987年，始终坚持制造便宜、好吃、营养、卫生、美观、方便的食品，其产品备受烘焙业、餐饮业及休闲食品行业的青睐。

韩式麻子面包

韩式麻子面包是韩式面包中常见的品类，特别是玉米麻子，是在很多韩式面包当中应用很广泛的表面装饰。此款面包外形、口感、香气都极具韩式特色。

配方

主面团

原料名称	重量（克）	烘焙百分比
顶焙良品日式面包粉	1000	100%
砂糖	200	20%
盐	12	1.2%
鲜酵母	40	4%
淡奶油	100	10%
蛋黄	150	15%
水	450	45%
黄油	200	205%
总重	2152	215.2%

装饰用

蛋液　适量

制作流程

1 面团搅拌

① 将除黄油外的所有材料一起倒入搅拌缸中。

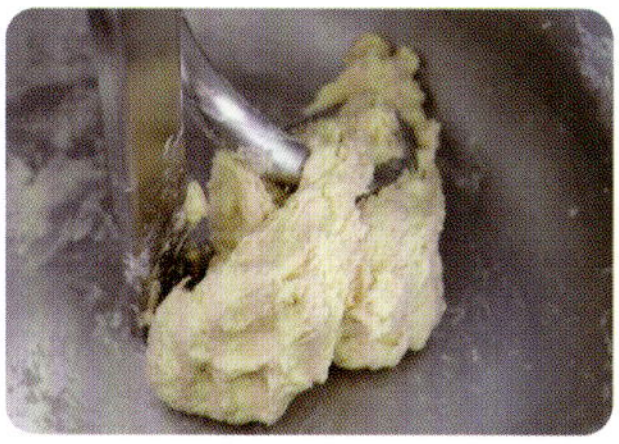

② 慢速拌匀，至面团无干粉状态。

③ 然后换成快速，继续搅拌至扩展阶段。

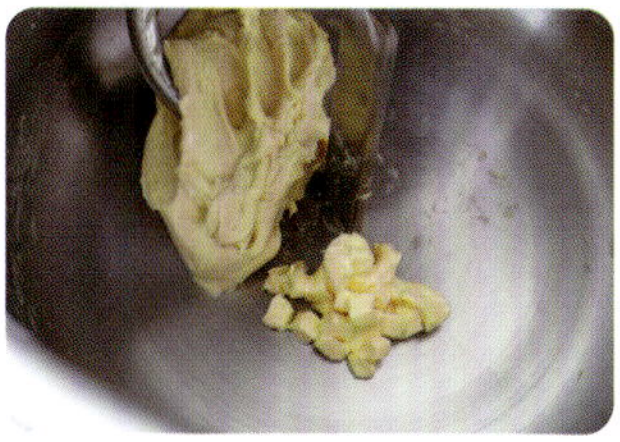

④ 加入黄油。

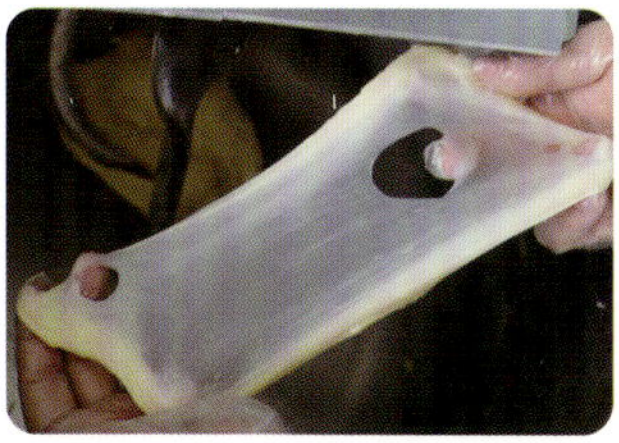

⑤ 搅拌至完全扩展阶段，可拉出薄膜，无锯齿状，出缸。

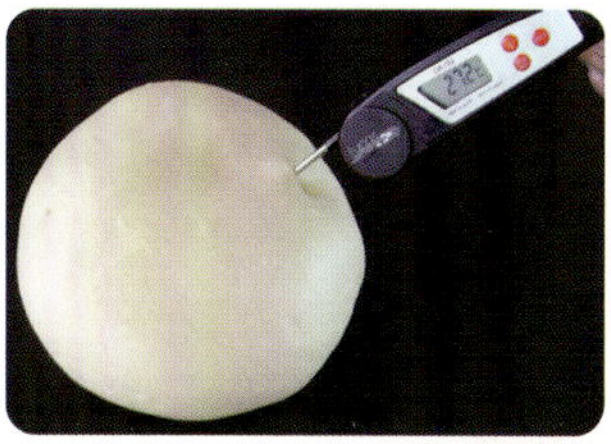

⑥ 面团出缸温度：26～28℃。

2 基础发酵

❶ 将搅拌完成的面团放入发酵箱中进行基础发酵，温度28～32℃，湿度80%，时间50分钟左右。

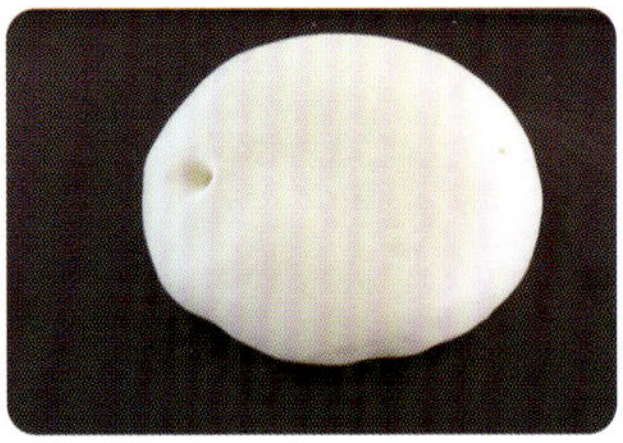

❷ 发酵至原体积1.5倍大小。

3 分割、预成形

❶ 将基础发酵好的面团进行分割，每个150克。

❷ 将面剂收圆。

4 中间松弛

将预成形并收圆的面团放入发酵箱中，温度24℃，湿度80%，松弛约30分钟。

5 成形

❶ 将面团松弛至不紧绷、好成形的状态，开始进行成形：排气，擀开。

❷ 擀成直径14厘米的面皮。

❸ 包入50克草莓卡仕达酱（见P37）。

❹ 收好口后再擀成椭圆形。

❺ 割出树叶状。

6 扫上蛋液。

7 沾上韩式玉米麻子（见P37）即可。

6 最后发酵

1 将成形后的面团放在烤盘上。

2 放入发酵箱发酵，温度32℃，湿度80%，时间40～60分钟。

7 烘烤

将发酵好的面团放入烤炉烘烤，烘烤温度上火200℃，下火180℃，时间约10分钟。

心得分享

这款面包面团和馅料的软硬度会对成形操作有一定影响，比如面团或馅料过软会导致成形时不好擀出想要的形状，所以根据情况可以在成形前先将馅料或面团冷藏。

配方

香草卡仕达馅

原料名称	重量（克）
蛋黄	33
细砂糖	33
低筋粉	17
牛奶	167
香草精	1
黄油	12

制作流程

1 将蛋黄、细砂糖、过筛低筋粉拌匀。

2 搅拌至微发，备用。

3 在牛奶中加入香草精，用厚底锅煮至85℃。

4 将煮好的牛奶冲入步骤2的材料中。

5 回锅加热。

6 搅拌至黏稠。

7 加入黄油搅拌至化开。

8 将煮好的卡仕达馅装入容器，密封，冷藏备用。

草莓卡仕达酱

原料名称	重量（克）
草莓果酱	200
香草卡仕达馅	200

注：卡仕达馅也可以使用成品，如京日卡仕达馅。

制作流程

① 将草莓果酱、香草卡仕达馅拌匀。

② 将草莓卡仕达酱装入裱花袋备用。

韩式玉米麻子

原料名称	重量（克）
黄油	80
细砂糖	140
花生酱	35
麦芽糖	10
鸡蛋	50
低筋粉	270
泡打粉	5
韩式烘焙玉米粉	35

制作流程

① 将黄油、细砂糖拌匀。

② 加入花生酱、麦芽糖拌匀。

③ 加入鸡蛋拌匀。

④ 加入低筋粉、泡打粉、韩式烘焙玉米粉。

⑤ 用手或搅拌器拌成大小不一的颗粒，冷冻备用。

阳光菠萝包

阳光菠萝包表皮酥香，造型独特新颖，美丽的外观与美味并存，带来视觉和味觉双重享受。

配方

主面团

原料名称	重量（克）	烘焙百分比
顶焙良品吐司面包专用粉	1000	100%
法国老面	200	20%
砂糖	150	15%
奶粉	50	5%
鸡蛋	100	10%
鲜酵母	25	2.5%
淡奶油	100	10%
盐	15	1.5%
水	500	50%
黄油	120	12%
总重	2260	226%

装饰用

黑白巧克力　适量

制作流程

1 面团搅拌

① 将除黄油外的所有原料一起放入缸中，慢速搅拌2分钟。

② 再快速搅拌3分钟至面团表面光滑，可拉出薄膜，断口处呈锯齿状。

③ 加入黄油慢速搅拌2分钟。

④ 再快速搅拌2分钟，搅拌至面团完全扩展，可拉出薄膜，断口处平滑、无锯齿。

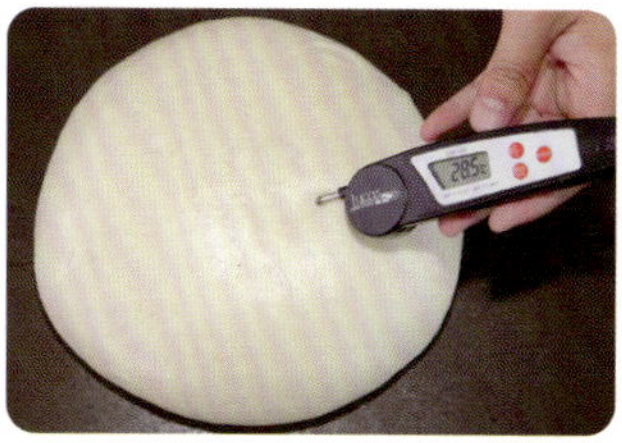

⑤ 面温28℃左右。

2 基础发酵

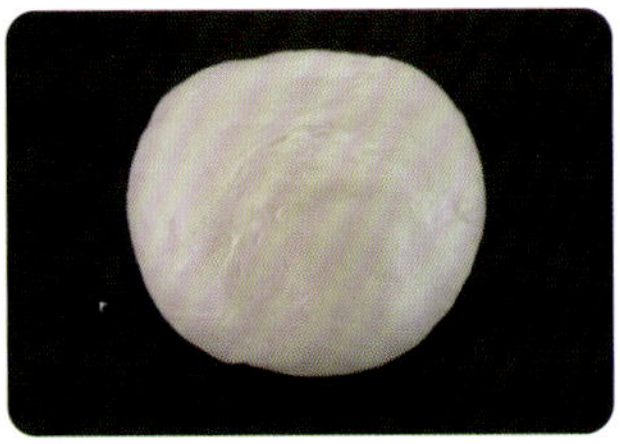

① 将搅拌好的面团放入醒发箱，温度30℃，湿度75%，时间约20分钟。

② 发酵至原体积的1.5倍大小。

3 分割、预成形、中间松弛

① 分割菠萝包面团，每个40克，底托面团每个60克。

② 将面剂揉圆，放入醒发箱，温度30℃，湿度75%，时间20分钟。

4 成形

① 把底托面团擀成圆形，直径14厘米。

② 均匀切成8份，中间留直径2厘米的圆不切断。

③ 放在烤盘上，均匀拉开成花瓣形。

④ 把菠萝皮面团（见P42）分成每个30克，揉圆后按扁，包在40克的菠萝包面团上。

⑤ 团成圆形。

⑥ 表面蘸砂糖。

⑦ 放在底托面团正中间。

⑧ 用菠萝印模轻轻按压出花纹。

5 最后发酵

放入醒发箱，温度30℃，湿度75%，时间约60分钟。

6 烘烤及装饰

① 入炉烘烤，上火190℃，下火180℃，烘烤时间约14分钟。

② 隔热水化开黑白巧克力，在花瓣上挤上圆点装饰。

7 成品展示

心得分享

包菠萝皮时应贴合底部且均匀，花瓣底托上喷水，然后再放菠萝包，这样黏合得更加牢固，烘烤后不易分离。

配方

菠萝皮

原料名称	重量（克）
黄油	100
砂糖	200
鸡蛋	100
奶粉	10
玉米淀粉	35
顶焙良品蛋糕专用粉	300

制作流程

1 把黄油和砂糖搅拌至微微发白。

2 分次加入鸡蛋搅拌均匀。

3 加入蛋糕专用粉、玉米淀粉和奶粉。

4 搅拌均匀，冷藏备用。

双薯芝士包

本款产品是一款韩式面包，面包中使用了应季时蔬，将紫薯和红薯蒸制、冷凉后拌入蜂蜜，装饰到面包当中，烘烤过后的紫薯丁和红薯丁搭配香草芝士酱，使这款产品口感依然湿润。最终产品呈现出三种颜色（面包焙烤颜色、红薯丁和紫薯丁的颜色）让这款产品更加吸引消费者眼球。

配方

主面团

原料名称	重量（克）	烘焙百分比
顶焙良品精制面包粉	1000	100%
砂糖	200	20%
鲜酵母	30	3%
改良剂	10	1%
盐	10	1%
鸡蛋	200	20%
水	300	30%
牛奶	200	20%
黄油	150	15%
总重	2100	210%

装饰用

酥粒　3克
黑芝麻　少许

制作流程

1 面团搅拌

① 将除黄油外的所有原料倒入搅拌机中。

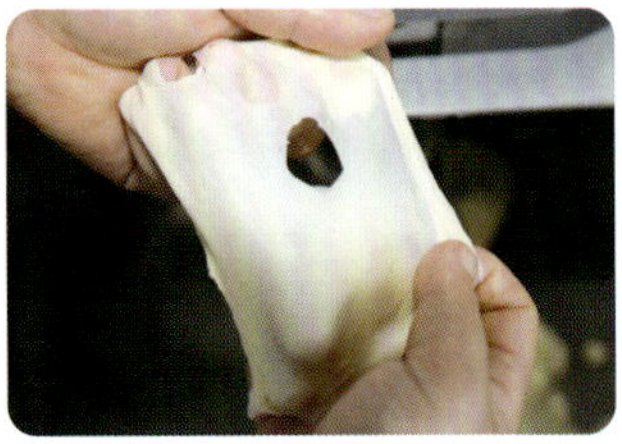

② 搅拌至面团表面光滑，可拉出薄膜，断口处呈锯齿状。

③ 加入黄油，慢速搅拌2分钟。

④ 再快速搅拌4分钟至完全扩展阶段，出缸。

2 基础发酵

① 面团出缸温度26.6℃。

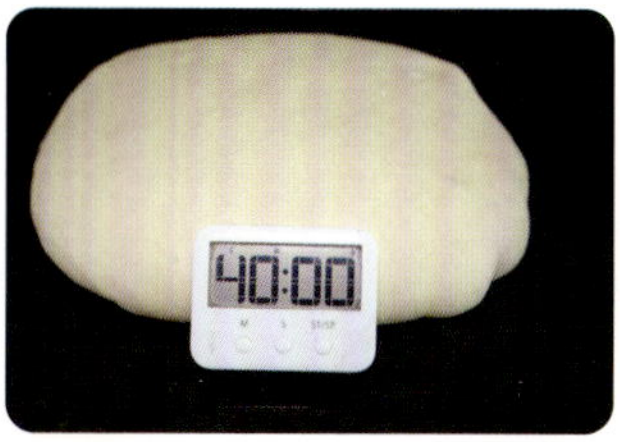

② 室温28℃条件下，基础发酵40分钟。

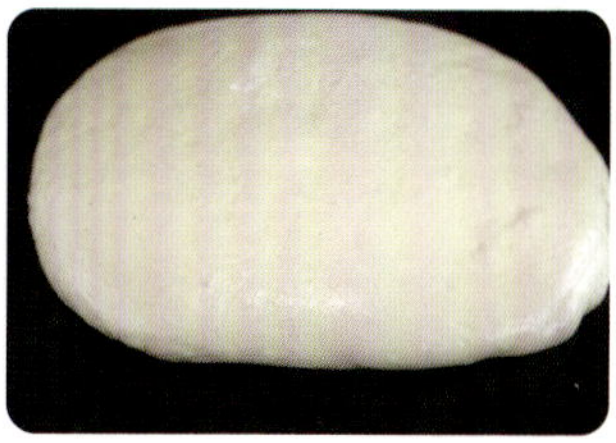

③ 面团发酵至原体积1.5倍大小。

3 面团分割、预成形、中间松弛

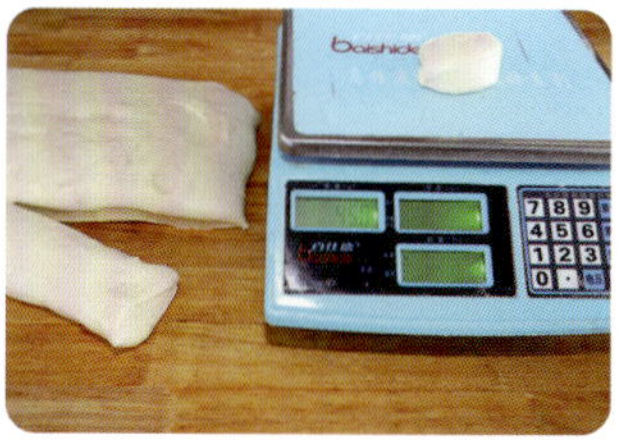

① 进行面团分割，每个45克。

② 揉圆，松弛发酵30分钟。

4 成形、发酵

① 将松弛好的面团用手排气。

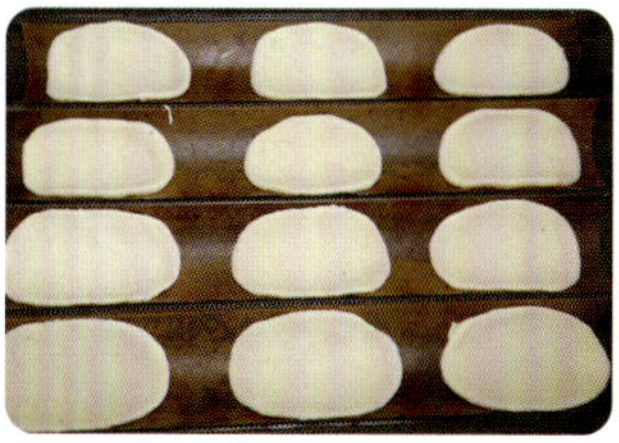

② 擀成长5厘米，放入四连法棍烤盘。

③ 放入发酵箱，温度30℃，湿度75%。

④ 发酵约40分钟，发酵至原来的1.5倍大。

5 烤前装饰

❶ 在发酵好的面团底部挤入30克香草芝士酱（见P47）。

❷ 装饰红薯丁、紫薯丁（见P47）各15克。

3-1

3-2

❸ 撒酥粒、黑芝麻装饰即可。

6 烘烤

放入烤炉，上火215℃，下火190℃烘烤15分钟。

7 成品展示

心得分享

1. 紫薯丁与红薯丁蒸熟后需要晾干再拌入蜂蜜，这样能够保证紫薯丁和红薯丁的完整性。

2. 自制香草芝士酱可根据对甜度的喜好，适当增减糖粉用量。

3. 面团发酵不宜过大，否则烘烤出来的成品会过度下陷，导致比例不协调。

配方

双薯丁

原料名称	重量（克）
紫薯	350
红薯	350
蜂蜜	160

制作流程

① 将紫薯和红薯去皮、洗净后切1.5厘米见方的丁。放入蒸锅蒸熟后放凉。

② 分别加入80克蜂蜜拌匀。

香草芝士酱

原料名称	重量（克）
芝士	1500
糖粉	360
香草精	15
总量	1875

制作流程

① 将芝士软化。

② 加入糖粉和香草精，搅拌均匀。

③ 装入裱花袋中备用。

香料盐可颂

盐可颂起源于日本，因形状与可颂相似，并且盐的选用更特殊，且添加量比普通软质面包更多而得名。盐可颂面包外酥内软，由于包裹大量盐黄油，经过焙烤，黄油流至面包底部，呈现出煎炸的效果，所以底部口感更酥香。本书中的盐可颂选用了具有特殊风味的孜然香料，烘烤后再经炒制，添加到面团中，为这款产品增添了多层次的口感与味道。

配方

主面团

原料名称	重量（克）	烘焙百分比
日式高筋粉	430	100%
砂糖	43	10%
奶粉	17	4%
盐	6.5	1.5%
鲜酵母	12	3%
水	250	58%
淡奶油	43	10%
黄油	43	10%
黑芝麻	20	4.6%
孜然	20	4.6%
总重	884.5	205.7%

装饰用

海盐　适量

其他

盐黄油条　适量

制作流程

1 面团搅拌

① 搅拌日式高筋粉、砂糖、奶粉、盐、鲜酵母、水、淡奶油。

② 搅拌至面团光滑，可拉出厚膜，断口处有锯齿状。

③ 加入黄油搅拌。

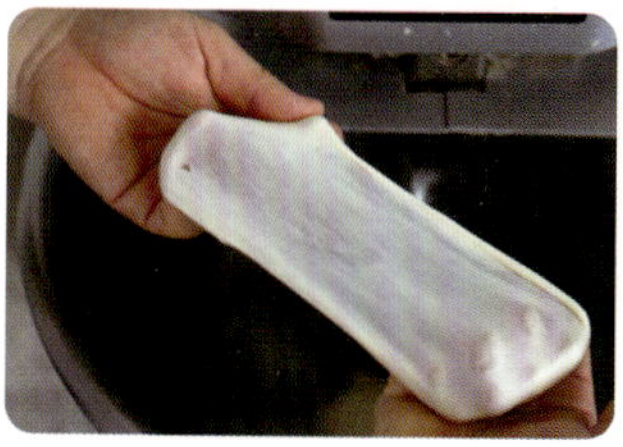

④ 搅拌至接近完全扩展状态。

⑤ 加入黑芝麻、孜然。

⑥ 搅拌均匀即可出缸。

2 基础发酵

① 面团出缸温度26.3℃（最佳温度25～27℃）。

② 在室温（28℃）下基础发酵30分钟。

3 分割、预成形、中间松弛

① 面团发酵至原体积的1.5倍大小，即可分割。

② 分割后每个面剂重50克。

③ 将面剂揉圆。

④ 再搓成圆锥形状。

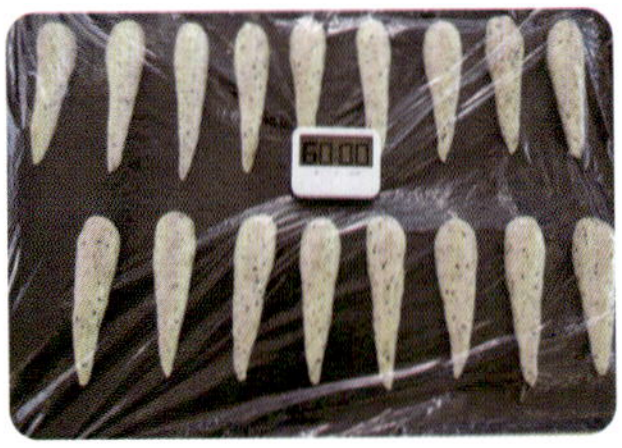

⑤ 在室温下发酵10分钟，再冷藏60分钟。

4 成形

① 将冷藏好的面团取出。

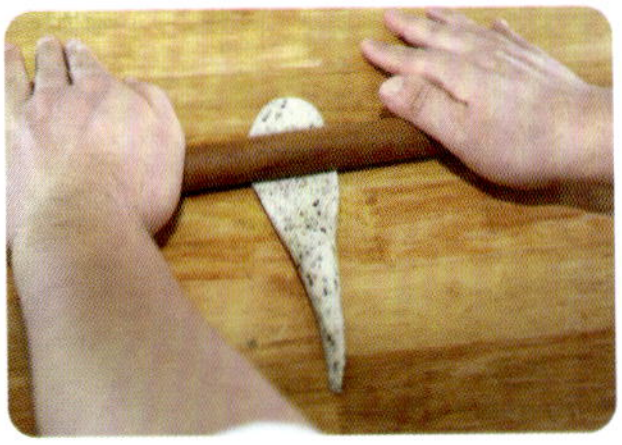

② 从中间往上擀开。

③ 再从中间往下擀开。

④ 擀开至顶部宽8厘米，长45厘米。

⑤ 在顶部中间放6克盐黄油条。

⑥ 卷起，摆盘。

5 最后发酵、烤前装饰

① 将成形好的面包，放入发酵箱，温度30℃，湿度75%发酵约55分钟。

② 表面喷水，撒海盐装饰。

6 烘烤

① 将装饰好的面包放入烤炉烘烤，上火215℃，下火190℃。

② 喷蒸气3秒，烘烤13分钟即可。

7 成品展示

心得分享

1. 孜然需要烤熟、擀碎再炒香，这样能够更好地发挥出孜然特有的香味。
2. 加入黑芝麻、孜然会对面团筋度有一定影响，面团不需要搅拌到完全扩展。
3. 面团预成形完成后需要放入冰箱冷藏60分钟，更方便最终成形。
4. 面团擀开长度要大于40厘米，这样卷出来的面包会更有层次感。
5. 烤制面团时需要喷蒸气，这样面团烘烤完成后表皮更薄，更有光泽。

黑芝麻、孜然的处理

制作流程

1-1

1-2

2-1

① 将孜然，黑芝麻放入170℃的烤箱。

② 烘烤8分钟至烤熟，取出擀碎。

2-2

3-1

3-2

③ 炒锅中加入5克黄油，倒入孜然粉，炒熟后冷凉备用。

扫码观看
操作视频

日式经典巧克力甘纳许

此款面包是日本网红名店“365日”的经典畅销产品，做法独特，口味、断口性俱佳，是一款适合亚洲市场的产品。

配方

主面团

原料名称	重量（克）	烘焙百分比
日本大阳梦之力高筋粉	500	50%
日本日清百合花高筋粉	500	50%
盐	18	1.8%
细砂糖	150	15%
全蛋	100	10%
牛奶	360	36%
淡奶油	360	36%
高糖干酵母	20	2%
水（溶解干酵母）	100	10%
发酵黄油	250	25%
可可粉	50	5%
水（溶解可可粉）	100	10%
总重	2508	250.8%

装饰用

黑巧克力爆谷珠　适量

制作流程

1 准备酵母溶液、可可酱

① 酵母溶液：将高糖干酵母、100克水拌匀，溶解干酵母，目的是让酵母更快地进行活动，因为这款面团出缸后要直接冷藏。

② 可可酱：将可可粉、100克水拌匀成酱状。

2 面团搅拌

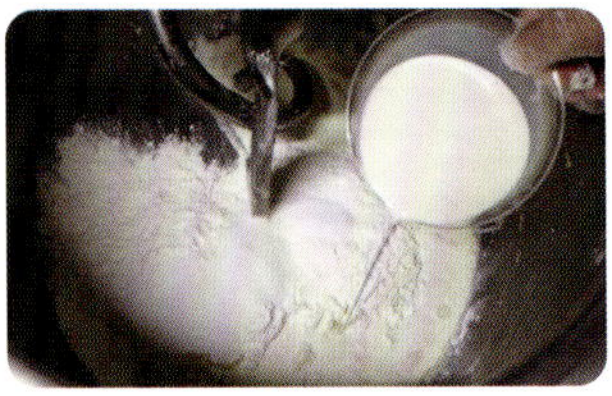

① 将高筋粉、盐、细砂糖、全蛋、牛奶、淡奶油、酵母溶液混合。

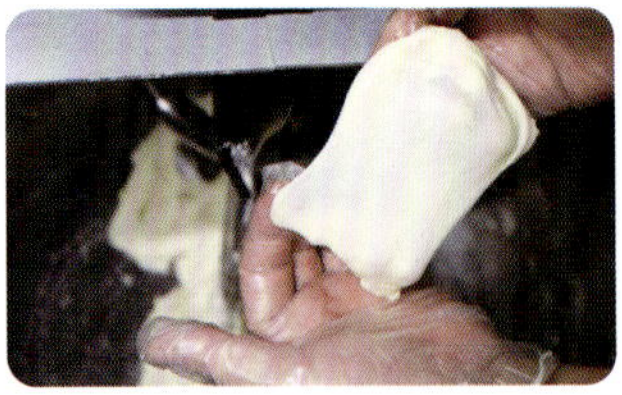

② 搅拌至出五六成筋。

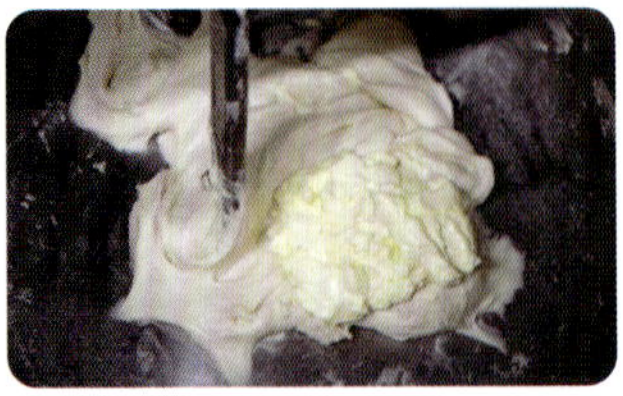

③ 加入发酵黄油。

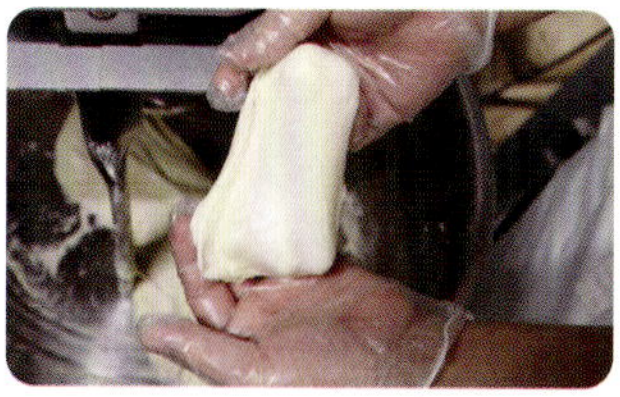

④ 搅拌至七成。

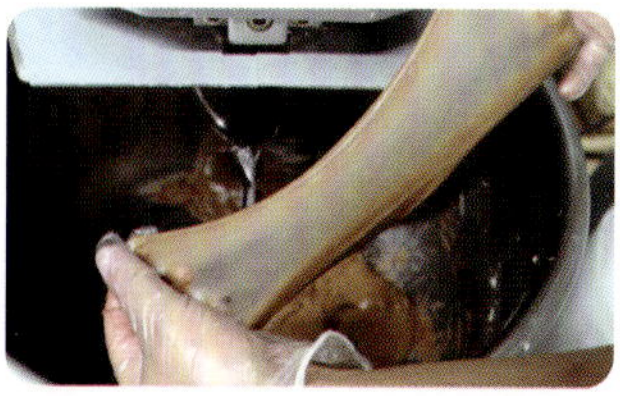

⑤ 加入可可酱，搅拌至扩展阶段。

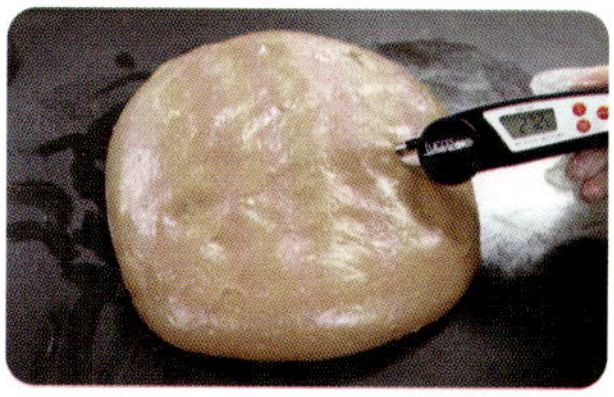

⑥ 面团出缸温度为26～28℃。

3 基础发酵

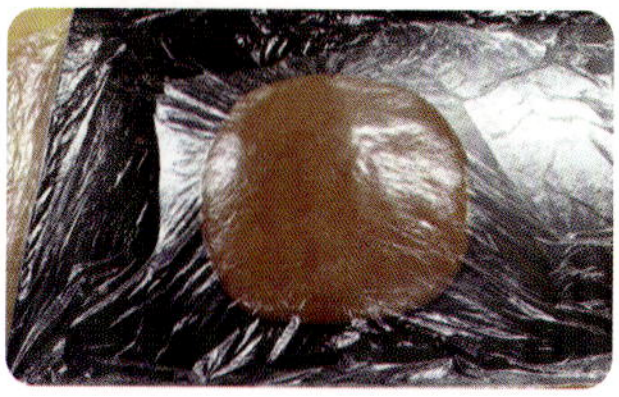

① 将搅拌好的面团用保鲜膜密封。

② 直接放入3～4℃的冰箱冷藏发酵一晚，至原体积的2倍大小。

4 分割、预成形

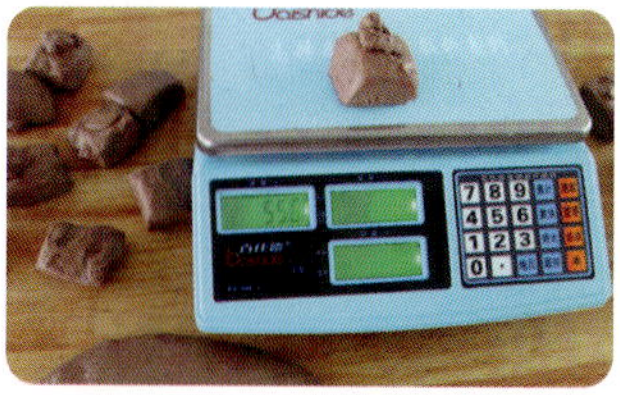

① 第二天将基础发酵好的面团从冰箱取出，分割成每个55克。

② 将面剂滚圆。

5 中间松弛

① 将预成形好的面团盖上保鲜膜，再放入3℃的冰箱中。

② 冷藏30分钟。

6 成形

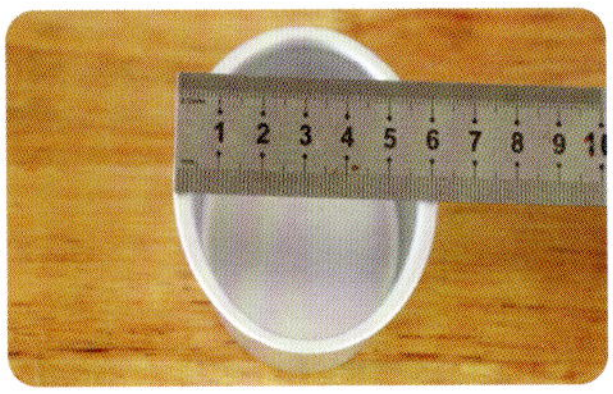

① 准备椭圆形模具。

② 将椭圆形模具喷上脱模油。

③ 再将松弛好的面团取出，收成橄榄形。

④ 将面团放入模具中。

7 最后发酵

① 将成形好的面团放入发酵箱中发酵，温度32℃，湿度80%。

② 发酵25分钟左右，至面团比模具高一点的大小。

8 烘烤

① 将发酵好的面团直接使用风炉，以175℃进行烘烤。

② 烘烤时间约12分钟。

9 烤后加工、装饰

① 将烤好的面包放凉，从中间切开。

② 挤入约20克巧克力甘纳许馅料（见P57）。

③ 上面摆放黑巧克力爆谷珠。

10 成品展示

心得分享

这款面团含水量高，搅拌时最好使用立式搅拌机，会更好搅拌，也可以将液体原料分次加入，这样更有利于搅拌。

配方

巧克力甘纳许馅料

原料名称	重量（克）
鲜奶油35%	200
麦芽糖（透明）	50
黑巧克力	120
牛奶巧克力	24

制作流程

① 将鲜奶油、麦芽糖和巧克力放入厚底锅中。

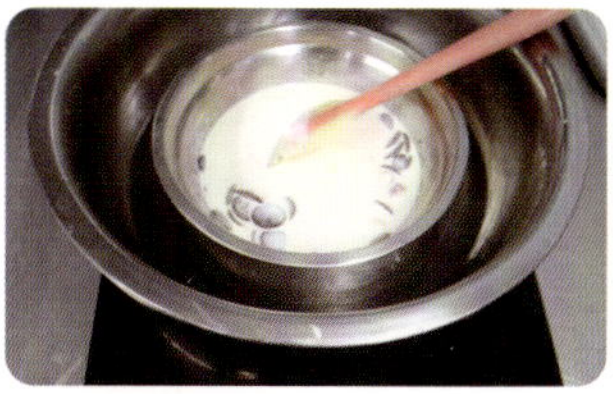

② 隔水加热至冒泡。

③ 轻轻拌匀至巧克力化开。

④ 装入裱花袋中备用。

韩式菠萝包

此款面包表皮酥香，内馅甜度适中，口感绵软有弹性。

配方

主面团

原料名称	重量（克）	烘焙百分比
顶焙良品精制面包粉	1000	100%
法国老面	200	20%
烫种	150	15%
砂糖	120	12%
奶粉	50	5%
鸡蛋	100	10%
鲜酵母	25	2.5%
盐	15	1.5%
水	600	60%
黄油	150	15%
总重	2410	241%

装饰用

蛋液、杏仁　适量

制作流程

1 面团搅拌

① 将除黄油外的所有原料一起放入缸中。

② 慢速搅拌2分钟，再快速搅拌3分钟至面团表面光滑，可拉出薄膜，断口处呈锯齿状。

③ 加入黄油，慢速搅拌2分钟，再快速搅拌2分钟。

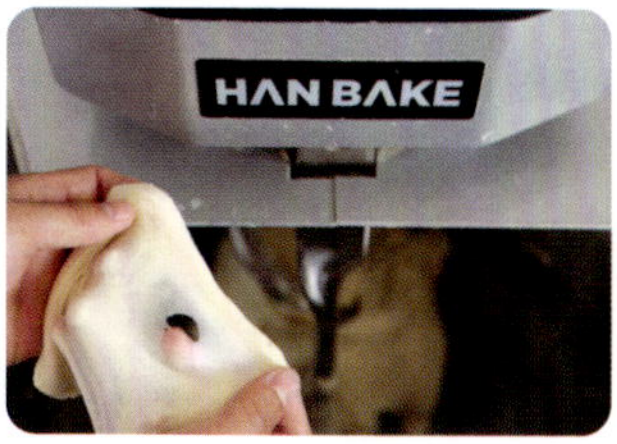

④ 搅拌至面团完全扩展，可拉出薄膜，断口处平滑、无锯齿。

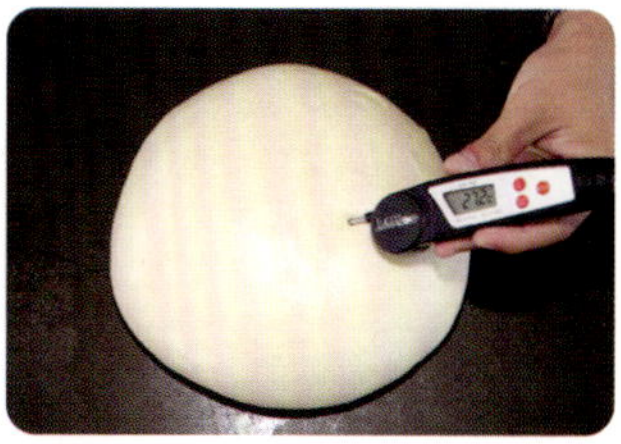

⑤ 面温27℃左右。

2 基础发酵

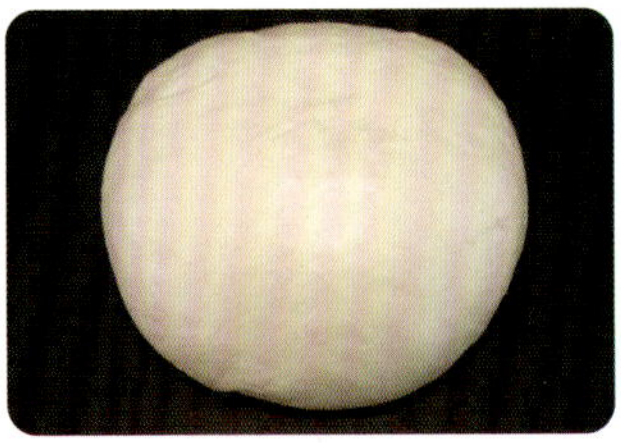

① 将搅拌好的面团放入醒发箱，温度30℃，湿度75%，时间约20分钟。

② 发酵至原体积的1.5倍大小。

3 分割、预成形、中间松弛

① 分割成面剂，每个80克。

② 将面剂揉圆。放入醒发箱，温度30℃，湿度75%，时间20分钟。

4 成形

① 将面剂擀开，包入40克红豆核桃馅（见P62）。

② 收口呈圆形。

③ 表面刷蛋液。

④ 蘸上酥粒（见P62）。

⑤ 按上一粒杏仁作装饰。

5 最后发酵

将菠萝包坯放入醒发箱，温度30℃，湿度75%，时间约60分钟。

6 烘烤

入炉烘烤，上火200℃，下火180℃，烘烤时间约13分钟。

7 成品展示

心得分享

蘸酥粒时，蛋液要多刷并且刷均匀，将菠萝包坯在酥粒中轻轻按压3~5秒，这样酥粒才能均匀一致。

配方

酥粒

原料名称	重量（克）
黄油	100
砂糖	150
顶焙良品蛋糕专用粉	250
蛋液	40

制作流程

1. 把蛋糕专用粉、砂糖、黄油放入盆中，搅拌均匀。

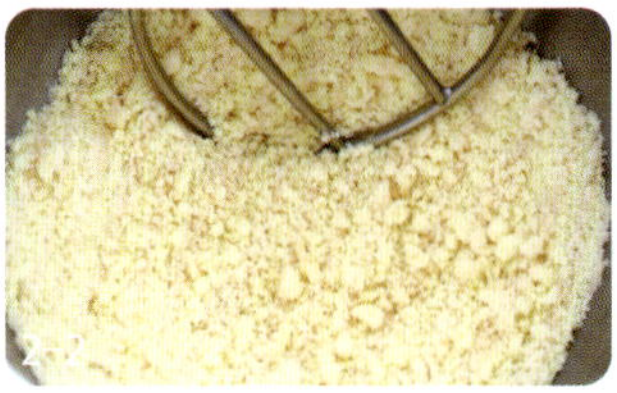

2. 加入蛋液拌匀，冷藏备用。

红豆核桃馅

原料名称	重量（克）
京日红豆馅	250
奶油芝士	80
熟核桃碎	60

制作流程

1. 把红豆馅和奶油芝士放入盆中，搅拌均匀。
2. 加入熟核桃碎，拌匀即可。

CHAPTER 3

吐司类

100% 全种全麦吐司

此款吐司使用100%全麦粉制作，富含膳食纤维；同时采用了100%中种法，熟成时间久，使得整个面包更加绵软，酵香味十足。

配方

全麦中种

原料名称	重量（克）	烘焙百分比
顶焙良品全麦面包粉	1000	100%
砂糖	20	2%
酵冠三合一酵母粉	20	2%
淡奶油	100	10%
鸡蛋	100	10%
水	450	45%

主面团

原料名称	重量（克）	烘焙百分比
砂糖	100	10%
炼乳	50	5%
盐	12	1.2%
牛奶	50	5%
鲜酵母	30	3%
总重	1932	193.2%

制作流程

全麦中种

面团搅拌、发酵

① 将所有原料一起放入缸中。

② 慢速搅拌3分钟，拌匀至无干粉即可。

③ 取出放入盆中，盖上保鲜膜，28℃醒发5个小时，再放入3℃的冰箱冷藏一晚。

❹ 发酵至原体积的2倍大小。切开后如图。

主面团

1 面团搅拌

❶ 将全麦中种、砂糖、炼乳、盐混合，慢速搅拌3分钟。

❷ 加入牛奶和鲜酵母。慢速搅拌2分钟，快速搅拌3分钟，至面筋完全扩展，可拉出薄膜。

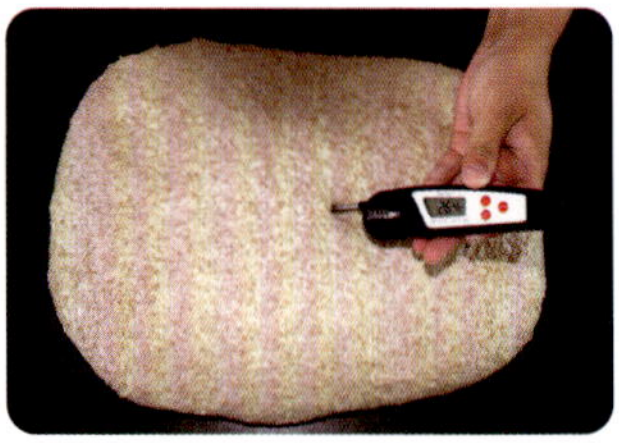

❸ 面温26～28℃。

2 基础发酵

❶ 将搅拌好的面团放入醒发箱，温度30℃，湿度75%，时间约20分钟。

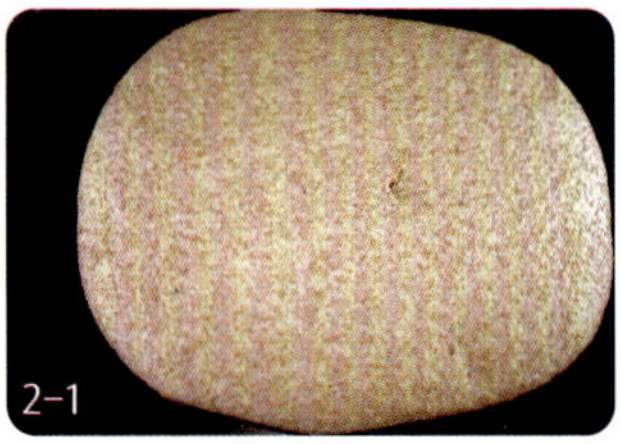

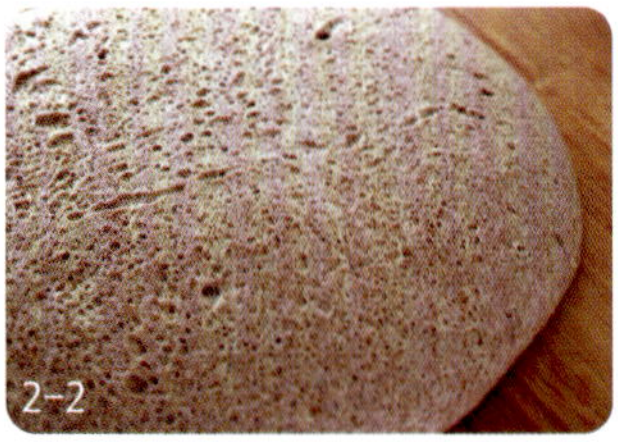

❷ 发酵至原体积的1.5倍大小。

3 分割、预成形

❶ 将面团分割成每个250克的面剂。

❷ 将面剂揉圆。

4 中间松弛

将面团放入醒发箱，温度30℃，湿度75%，时间20分钟。

5 成形

① 将松弛好的面团排气。

② 折叠。

③ 擀开。

④ 卷起呈圆柱形。

6 最后发酵

❶ 将成形好的面团放入1200克的模具中。

❷ 放入醒发箱，温度30℃，湿度75%，时间约60分钟。

❸ 发酵至模具的九分满。

7 烘烤

❶ 盖上吐司盖，入炉烘烤，上火210℃，下火200℃。

❷ 烘烤时间约30分钟。

8 成品展示

心得分享

100%全种全麦吐司搅拌时面筋拉出的薄膜要稍微厚一点儿，最后发酵需要控制好，醒发至模具的九分至九分半满，确保吐司外观方正，组织均匀。

100% 高含水咸芝士吐司

此款吐司含水量高，加入了咸味芝士丁，是一款操作难度高，成品口感湿润、弹、糯，咸香味突出，回味十足的吐司，值得一试。

扫码观看
操作视频

配方

主面团

原料名称	重量（克）	烘焙百分比
顶焙良品吐司面包专用粉	1000	100%
水	700	70%
细砂糖	50	5%
鲜酵母	17	1.7%
鲁邦种	140	14%
盐	20	2%
后加水	300	30%
橄榄油	50	5%
耐烤芝士丁	230	23%
玉米粒	50	5%
总重	2557	255.7%

制作流程

1 水解

1-1

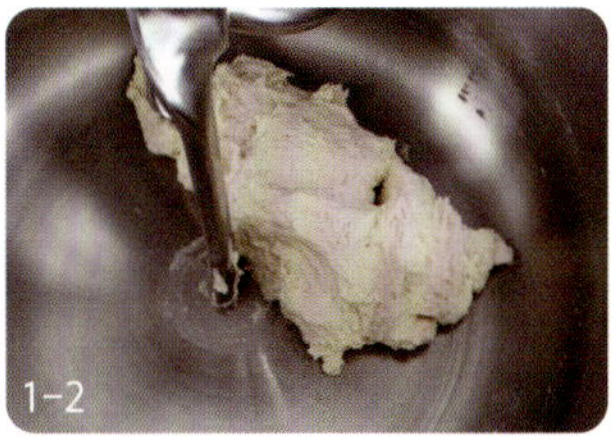
1-2

① 将吐司面包专用粉、水拌匀。

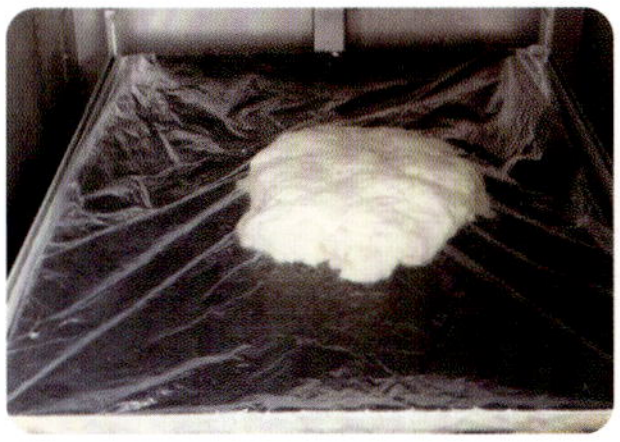

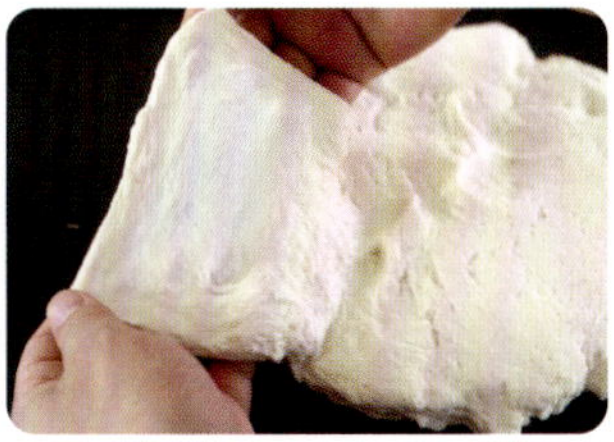

② 覆盖保鲜膜，静置30～60分钟。

③ 发酵至能拉出厚膜的状态。

2 面团搅拌

❶ 将水解好的面团加入细砂糖、鲜酵母、鲁邦种，一起放入缸中搅拌。

❷ 慢速拌匀后加入盐。

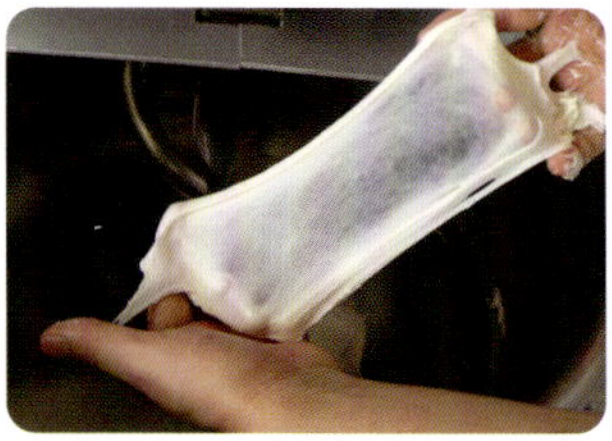

❸ 再次拌匀后快速搅拌至扩展阶段。

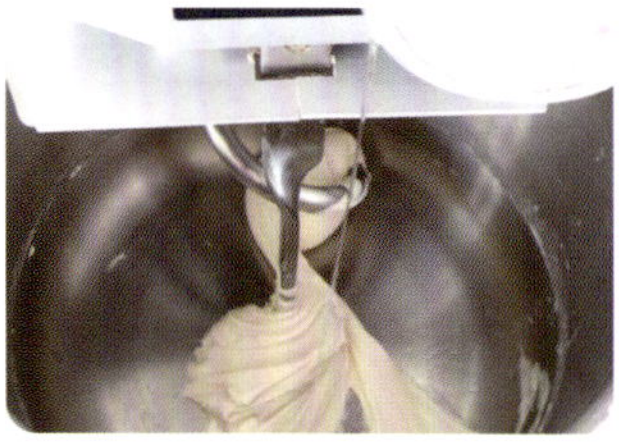

❹ 分次加入水，拌匀。

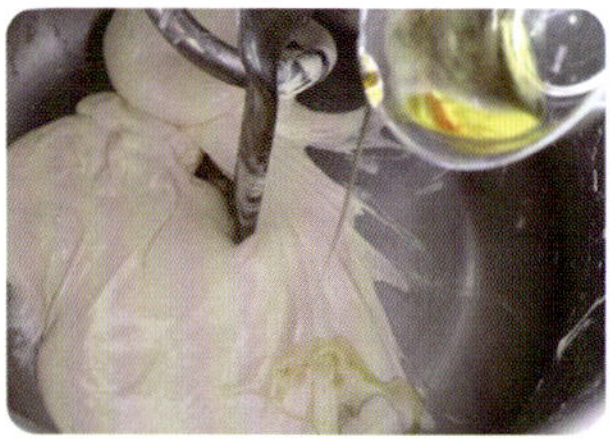

❺ 加入橄榄油，继续搅拌均匀。

❻ 搅拌至完全扩展阶段，可拉出薄膜。

❼ 加入耐烤芝士丁、玉米粒。

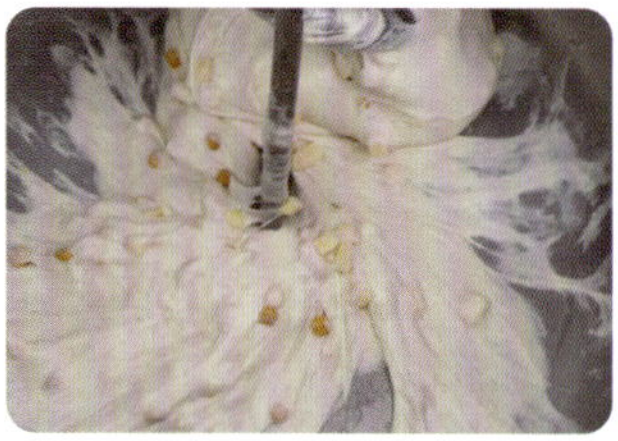

❽ 慢速拌匀后出缸。

❾ 面团出缸温度22～24℃。

3 基础发酵

① 将搅拌好的面团放入发酵箱中进行发酵，温度24～26℃，时间90分钟左右。

② 发酵至原体积的1.5倍大小。

4 分割、成形

2-1

① 将基础发酵好的面团进行分割，每个重250克。

② 将面团收成圆形。

2-2

2-3

2-4

2-5

2-6

5 最后发酵

① 将每两个成形好的面团放入一个450克的模具中。

② 再放入发酵箱中进行发酵，温度28℃，湿度80%，时间60分钟左右。

③ 发酵至模具的七八分满。

6 烘烤

① 将发酵好的面团直接进行烘烤：上火220℃，下火180℃，烘烤时间约20分钟。

② 烤至颜色合适，即可出炉。

7 成品展示

心得分享

此款吐司因面团含水量高，会导致搅拌比较困难，所以要进行水解的步骤，要后加水，同时水温要控制好，不能过高。面团温度不能过高，发酵温度低一些，发酵时间长一些，才能更好地保证操作的稳定性和成品的稳定性。

英式脆皮吐司

这是一款麦香味十足、不添加砂糖的吐司。配方中添加大量全麦烫种，更高效地起到保湿、增加弹性的作用。同时添加大量法国老面，能够促进面团发酵、熟成，并且激发出小麦甘甜的味道。经过长时间发酵、高温烘烤，吐司出炉后，在冷却过程中表皮会呈现出漂亮的龟裂质感。

配方

主面团

原料名称	重量（克）	烘焙百分比
顶焙良品精制面包粉	490	100%
盐	12	2.5%
鲜酵母	15	3%
法国老面	245	50%
全麦烫种	436	89%
水	450	91%
麦芽精	7	1.5%
黄油	14	3.5%
总重	1669	340.5%

制作流程

1 面团搅拌

① 将除全麦烫种外的所有原料倒入搅拌机中。

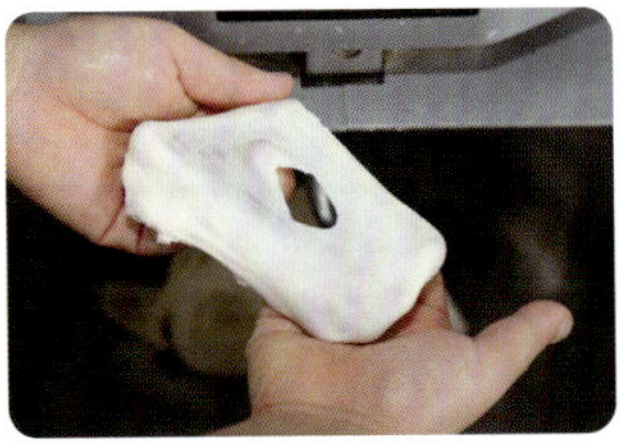

② 搅拌至扩展阶段（断口处光滑）。

③ 分次加入全麦烫种。

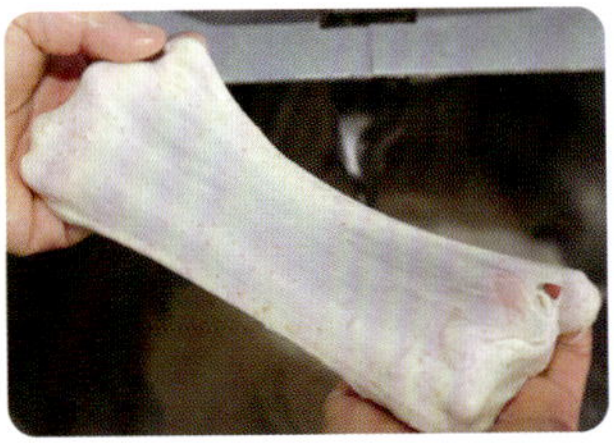

④ 快速搅拌2分钟至完全扩展阶段。

⑤ 面团出缸温度26.3℃。

2 基础发酵

面团在室温28℃环境下发酵40分钟，发酵至原体积2倍大。

3 分割、中间松弛

① 分割面团，每个170克。

② 排气。

③ 两次折叠。

④ 揉圆，松弛40分钟。

4 成形

① 将发酵好的面团排气。

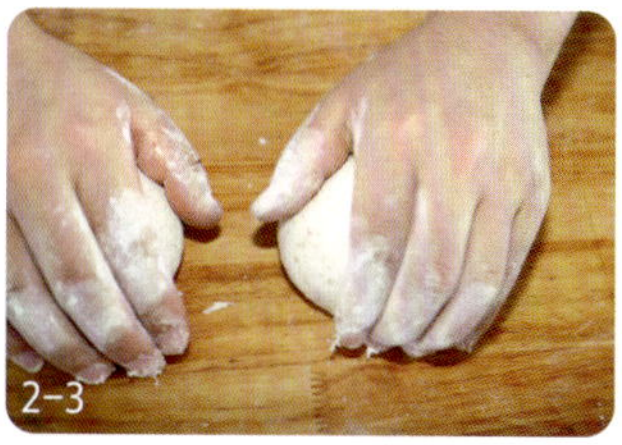

② 两次折叠成形。

③ 上下收一下面团，成圆柱形。

5 发酵

① 将面团放入模具。

② 放入发酵箱，温度30℃，湿度75%。

③ 面团最终发酵约75分钟，发满模具。

6 烘烤

① 将发酵好的面团放入烤炉，上火215℃，下火250℃。喷蒸气。

② 烘烤25分钟即可。

7 成品展示

心得分享

1．烫种要分次、快速加入，这样会减少对面筋的影响。

2．成形需要两次折叠收圆，这样会避免组织有空洞情况。

3．由于添加大量烫种，对面团膨胀有一定影响，所以面团需要发满模具后再进行烘烤。

4．面团中没有添加砂糖，在烘烤时下火温度要高一些。

5．出现表面龟裂现象是因为面团前期经过充分发酵，表皮较薄，入炉喷蒸气高温烘烤后冷凉，热胀冷缩，表面就会出现漂亮的龟裂。

6．搅拌面团时可留少许水备用，用于添加后加水。

温泉吐司

此款吐司使用水浴法，用65℃的热水让面粉中的淀粉初步糊化，给面团“洗个热水澡”，使整个面包组织柔软，具有弹性，还可延缓面包老化。

配方

温泉汤种

原料名称	重量（克）	烘焙百分比
顶焙良品吐司面包专用粉	1000	100%
砂糖	100	10%
奶粉	50	5%
65℃热水	550	55%

主面团

原料名称	重量（克）	烘焙百分比
鸡蛋	100	10%
炼乳	30	3%
盐	15	1.5%
淡奶油	150	15%
黄油	80	8%
鲜酵母	30	3%
总重	2105	210.5%

制作流程

温泉汤种

面团搅拌

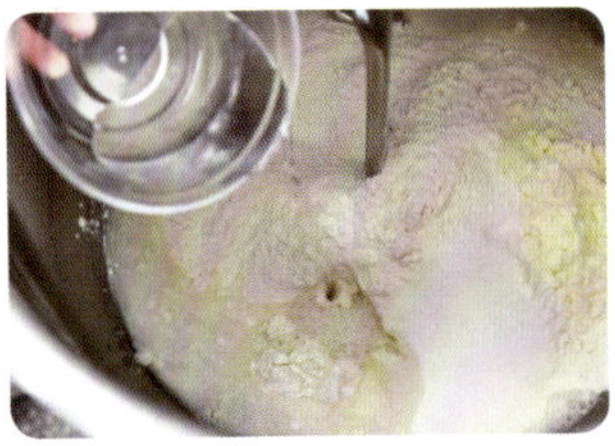

① 将所有原料一起放入缸中。

② 慢速搅拌3分钟，拌匀后静置30分钟。

主面团

1 面团搅拌

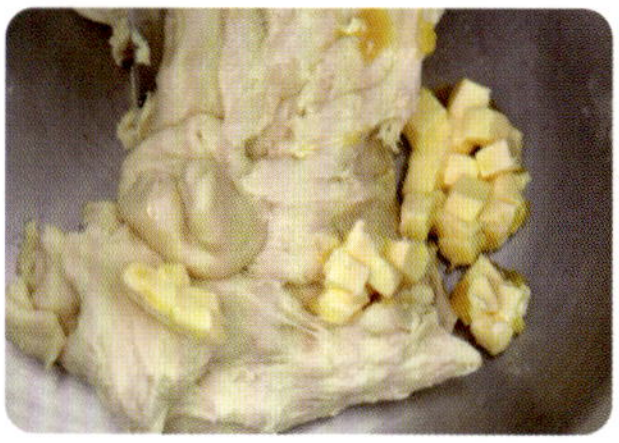

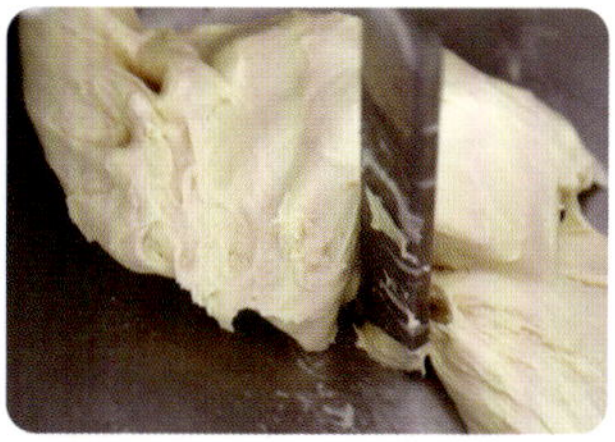

① 将温泉汤种、冷藏的鸡蛋、炼乳、淡奶油，鲜酵母和盐一起加入缸中，慢速搅拌2分钟，再快速搅拌3分钟。

② 搅拌至面团表面光滑，可拉出薄膜，断口处呈锯齿状，加入黄油。

③ 慢速搅拌2分钟，再快速搅拌2分钟，至面筋完全扩展，可拉出薄膜，断口处平滑无锯齿。

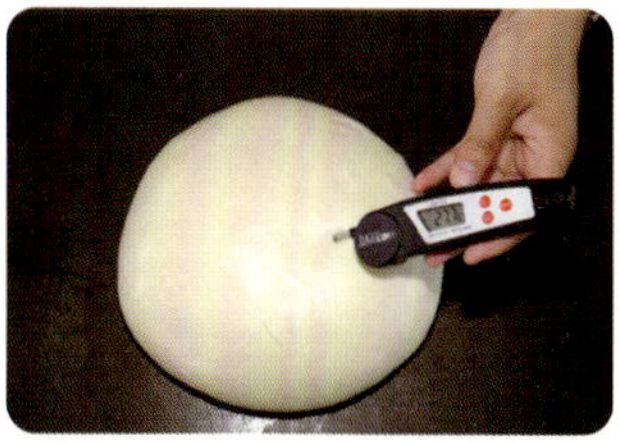

④ 面温28℃左右。

2 基础发酵

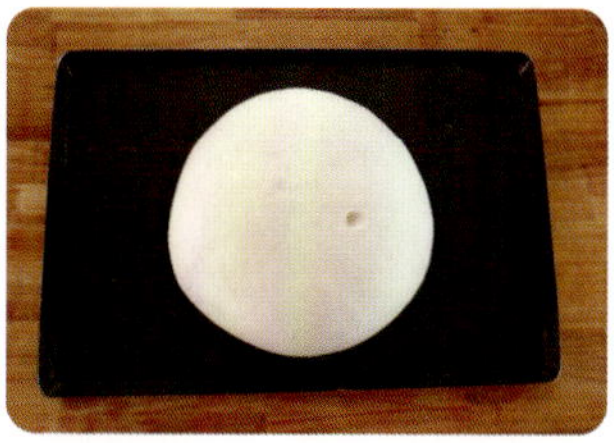

① 将搅拌好的面团放入醒发箱，温度30℃，湿度75%，时间约20分钟。

② 发酵至原体积的1.5倍大小。

3 分割、预成形

① 将面团分割成每个260克。

② 将面剂揉圆。

4 中间松弛

放入醒发箱，温度30℃，湿度75%，时间20分钟。

5 成形

① 将松弛好的面团排气、折叠。

② 擀开。

③ 卷起成圆柱形。

④ 将成形好的面团放入1200克模具中。

6 最后发酵

① 放入醒发箱，温度30℃，湿度75%，时间约60分钟。

② 发酵至模具的八分满。

7 烘烤

① 盖上吐司盖，入炉烘烤，上火210℃，下火200℃。

② 烘烤时间约30分钟，即可出炉。

8 成品展示

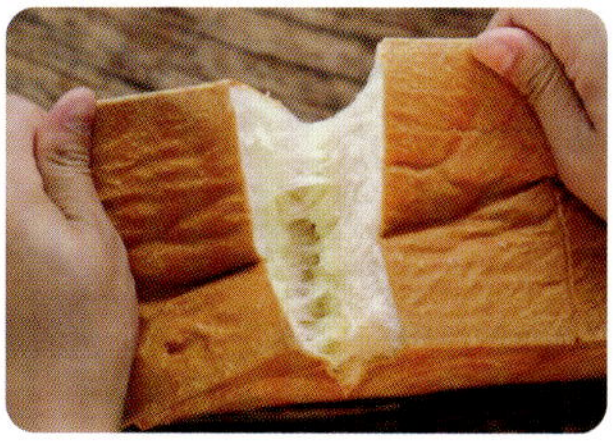

心得分享

温泉汤种需搅拌后静置冷却，再进行主面团搅拌。主面团原料一定要冷藏，才能得到最佳的面团温度。

枫糖黑芝麻吐司

此款吐司使用高含量的面团包裹层层的枫糖馅料，枫糖香气浓郁，再挤入香浓的黑芝麻馅，使得整个面包绵柔香软，馅层中还有馅料，层次感、入口体验感都很棒。

扫码观看
操作视频

配方

主面团

原料名称	重量（克）	烘焙百分比
顶焙良品日式面包粉	1000	100%
砂糖	180	18%
盐	18	1.8%
鲜酵母	50	5%
牛奶	350	35%
鸡蛋	200	20%
蛋黄	100	10%
淡奶油	80	8%
黄油	250	25%
总重	2228	222.8%

装饰用

蛋液　适量

制作流程

1 面团搅拌

① 将日式面包粉、砂糖、盐、鲜酵母、牛奶、鸡蛋、蛋黄、淡奶油一起放入缸中进行搅拌。

② 慢速拌匀至无干粉。

③ 再快速搅拌至扩展状态。

④ 加入黄油。

⑤ 继续搅拌均匀至完全扩展状态，可拉出薄膜，无锯齿状，即可出缸。

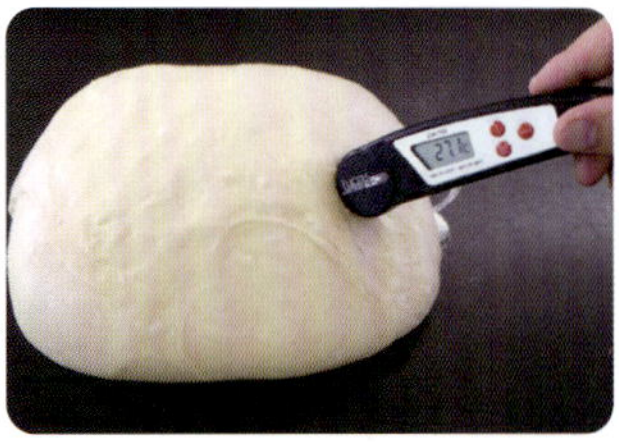

⑥ 面团出缸温度26～28℃。

2 基础发酵

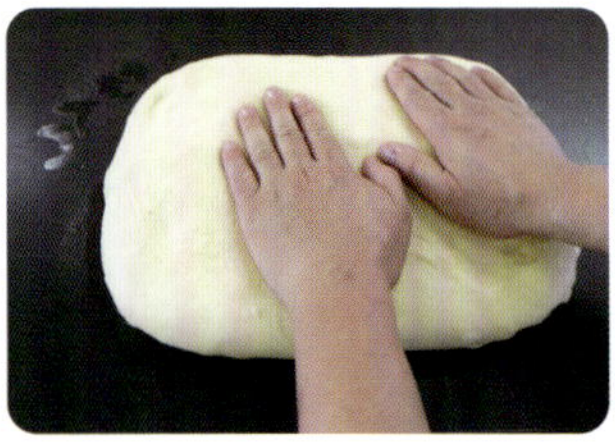

① 将搅拌好的面团压平。

② 用塑料纸密封好。

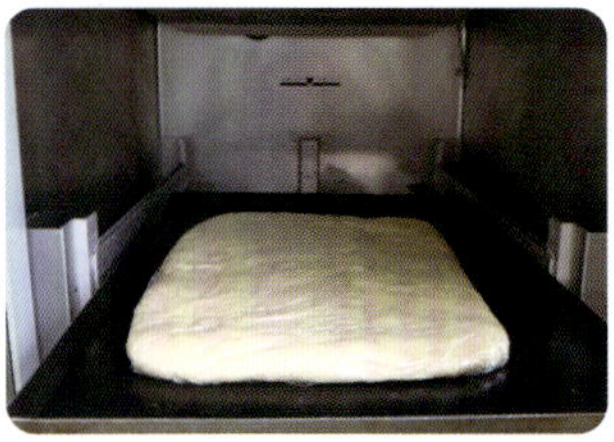

③ 放入3℃的冰箱中冷藏一晚。

④ 发酵至原体积的1.5倍大小。

3 包裹馅料、折叠

① 将基础发酵好的面团从冰箱中取出，擀压排气。

② 包入面团重量1/4的枫糖馅（见P92）。

3-1

3-2

③ 进行三折两次的擀压折叠。

3-3

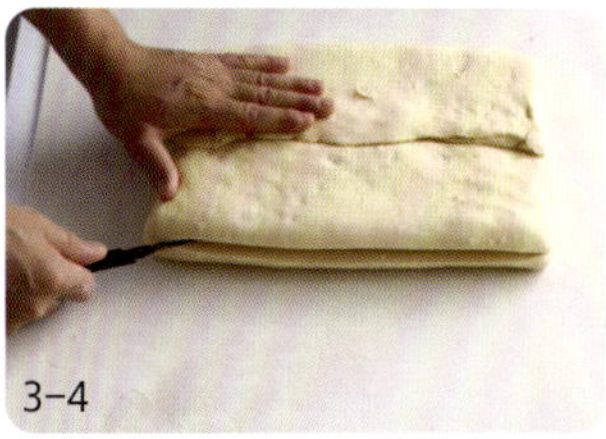
3-4

3-5

3-6

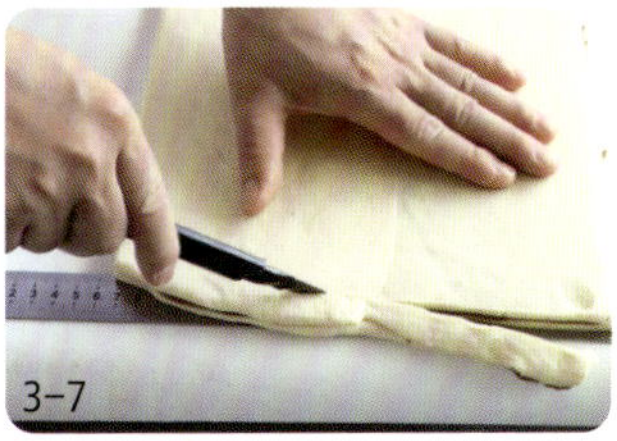
3-7

3-8

3-9

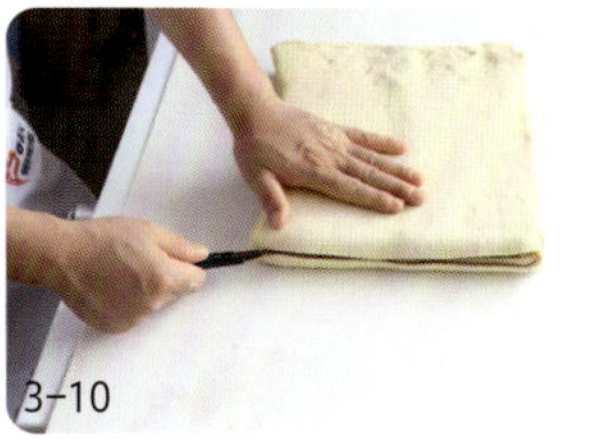
3-10

3-11

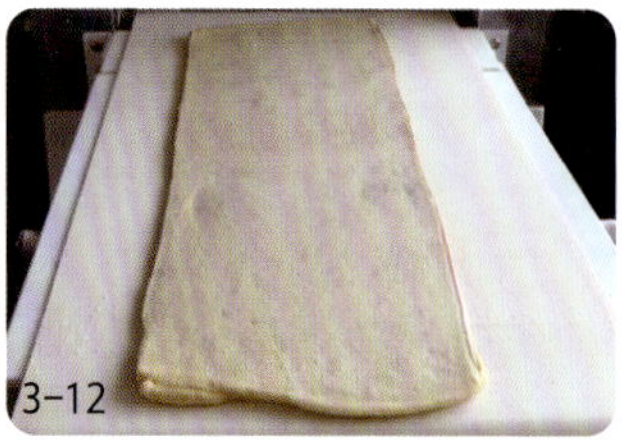

3-12

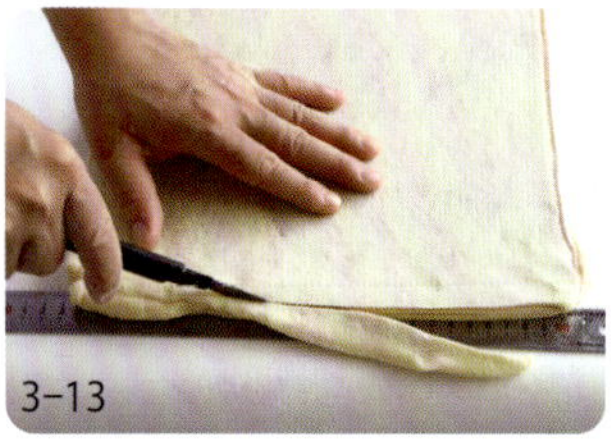

3-13

3-14

3-15

3-16

④ 用保鲜膜包住。

4 中间松弛、冷冻

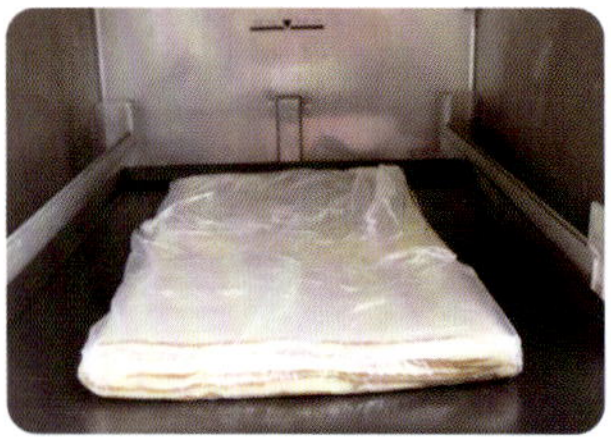

① 将裹馅并折叠完成的面团放入冰箱进行松弛、冷冻，时间约60分钟。

② 冷冻至面团软硬度合适。

5 成形

1-1

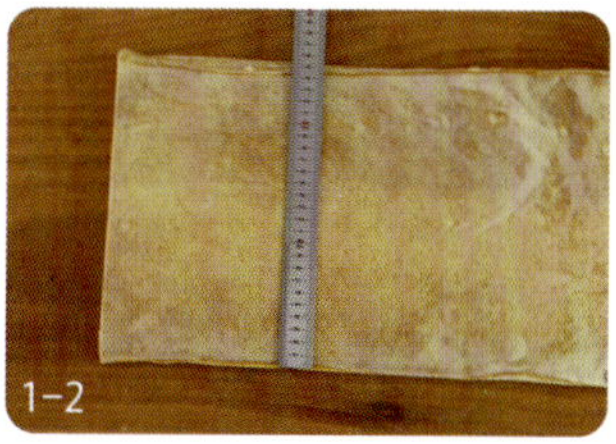
1-2

① 将冷冻好的面团从冰箱取出，擀压成厚0.8厘米、宽25厘米的面团。

2-1

2-2

② 再进行裁切，裁切成宽12厘米、长25厘米，重300克的长方块。

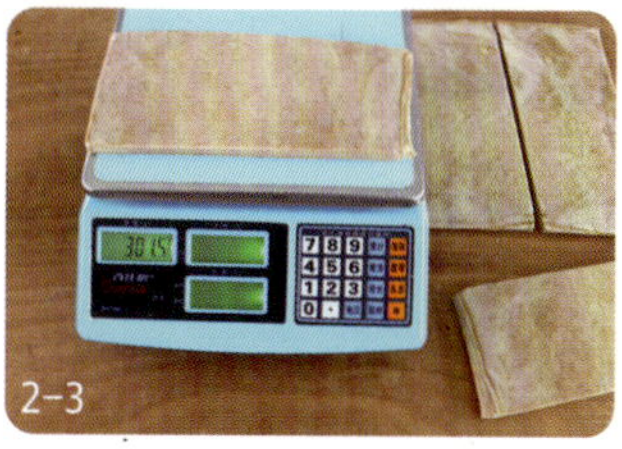
2-3

③ 在面块上用刀每间隔1厘米划出口子，不要划穿。面块上下也留出一定宽度，不要划断。

4-1

4-2

④ 将面块翻面，有刀口的一面向下。

6-1

⑤ 在面块两端挤上黑芝麻馅（见P93）。

⑥ 两头向中间卷起，卷一层，用手按压封住接口。

6-2

6-3

6-4

6-5

8-1

⑦ 紧挨着一个卷再挤上一条黑芝麻馅。

⑧ 继续从两端向中间卷起，卷至成形。

8-2

8-3

8-4

8-5

8-6

6 最后发酵

2-1

2-2

① 将成形好的面团放入250克模具中进行最后发酵。

② 发酵温度32℃，湿度80%，时间约90分钟。

7 烤前装饰

将发酵好的面团表面刷上蛋液，进行装饰。

8 烘烤

① 上火220℃，下火170℃，烘烤时间约20分钟。

② 出炉。

9 成品展示

心得分享

在包裹枫糖馅、折叠擀压时，一定要控制好面团的软硬度，如果面团较软，要放入冰箱冷冻，让操作时面团的软硬度适合，这样做出来的面包层次、外形、口感才能得到保证。

配方

成品枫糖馅

枫糖馅建议直接使用成品，操作性、稳定性、味道都会更好，在使用前需要敲打、擀压，让枫糖馅的延展可塑性更好，如图：

自制枫糖馅

原料名称	重量（克）
高筋粉	120
玉米淀粉	40
可可粉	6
鸡蛋	140
砂糖	50
枫糖浆①	80
牛奶	200
枫糖浆②	140
吉利丁片	6
黄油	100

制作流程

1 将高筋粉、玉米淀粉、可可粉、鸡蛋、砂糖、枫糖浆①拌匀，备用。

2 将牛奶、枫糖浆②用厚底锅煮开，冲入步骤1的材料中拌匀，再回锅煮至黏稠。

3 加入吉利丁片，化开后拌匀。

4 加入黄油，化开后拌匀。

5 取出，放在油纸上，擀压成方形，入冰箱冷藏30分钟即可使用。

黑芝麻馅

原料名称	重量（克）
红豆馅	200
黑芝麻酱	20

制作流程

1 将红豆馅、黑芝麻酱放入碗中。

2 将原料完全拌匀。

3 装入裱花袋，备用。

浴缸吐司

本产品采用中种法面团，运用到了应季食材紫薯调制的酱料，使用硅胶浴缸吐司模具，烘烤出的产品锁水性更好，口感更加细腻、柔软。

配方

中种

原料名称	重量（克）	烘焙百分比
顶焙良品精制面包粉	500	50%
鲜酵母	7	0.7%
水	350	35%

主面团

原料名称	重量（克）	烘焙百分比
顶焙良品精制面包粉	500	50%
盐	15	1.5%
鲜酵母	20	2%
砂糖	130	13%
奶粉	20	2%
改良剂	10	1%
鸡蛋	100	10%
烫种	150	15%
水	220	22%
黄油	100	10%
总重	2122	212.2%

装饰用

蛋液　适量
酥粒（见P62）　2克

制作流程

中种

① 将所有原料倒入搅拌机中。

② 搅拌成团。

③ 面团温度26℃，室温发酵25分钟。放入冰箱，3℃冷藏，隔夜使用。

主面团

1 面团搅拌

① 将中种面团和除黄油外的所有主面团原料倒入搅拌机中。

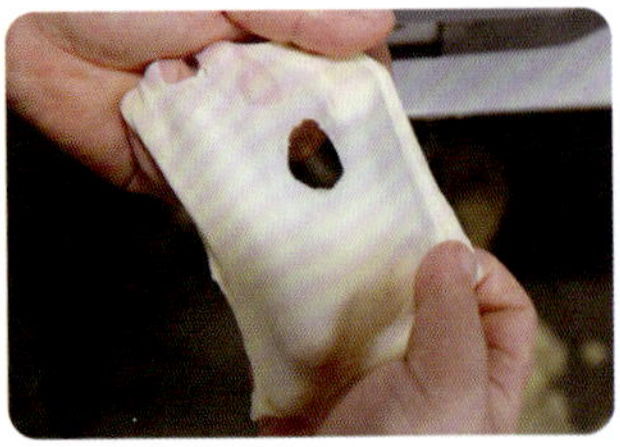

② 搅拌至接近扩展状态。

③ 加入黄油。

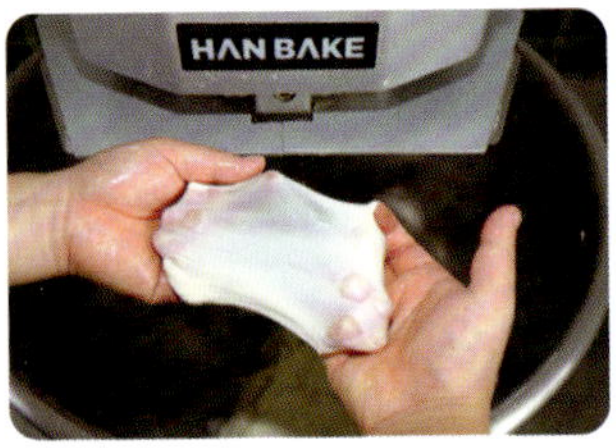

④ 搅拌至完全扩展即可。

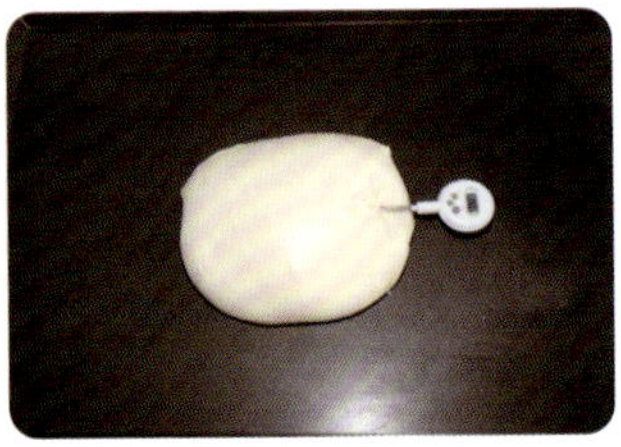

⑤ 面团出缸温度26℃。

2 基础发酵、分割、中间松弛

① 将面团用保鲜膜覆盖，基础发酵50分钟。

② 发酵至原体积1.5倍大小。

③ 进行分割，每个面剂105克。

④ 将面剂揉圆，松弛20分钟。

3 成形

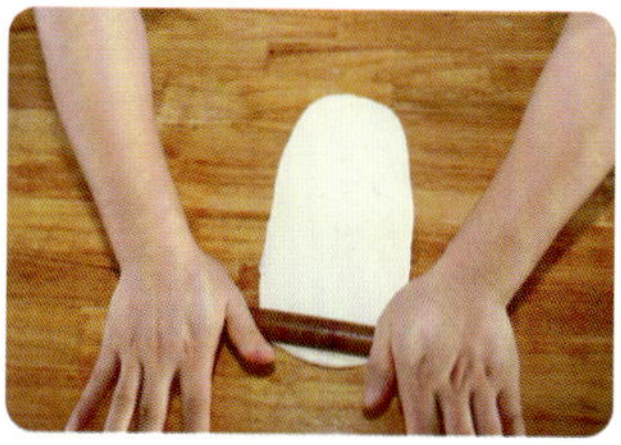

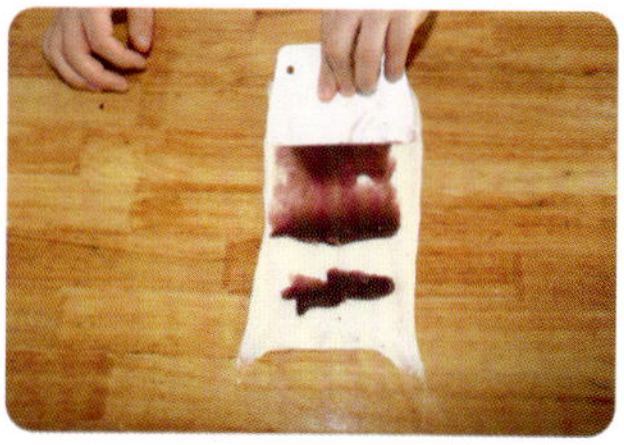

① 将面团擀开成宽14厘米、长33厘米的面片。

② 挤入30克紫薯馅（见P153），抹均匀。

③ 从一端卷起，卷成卷。

④ 用刀从中间一分为二。

⑤ 编成一股面团。

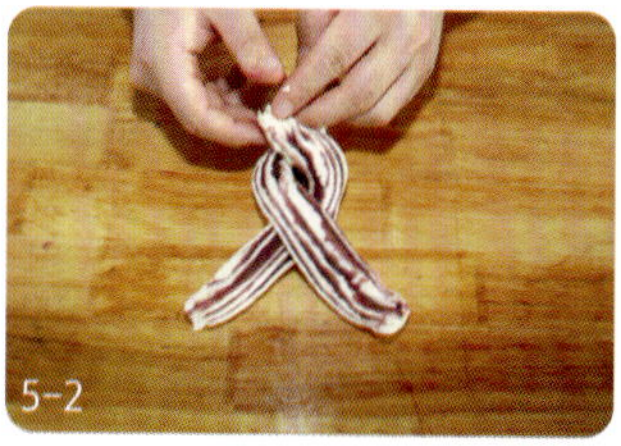

⑥ 切面冲上，放入模具。

4 最后发酵

温度30℃、湿度75%，面团发酵约55分钟，至模具八分满即可。

5 烤前装饰

① 表面刷蛋液。

② 撒酥粒。

6 烘烤

放入烤炉，上火180℃，下火210℃，烘烤15分钟即可。

7 成品展示

心得分享

1. 面团要均匀擀开，馅料涂抹均匀后卷起，这样切面的层次感更好。

2. 面团成形前可放入冰箱冷藏15~20分钟，面团成形会更好操作。

CHAPTER 4

可颂开酥类

法式弯月羊角

弯月羊角是一款各大面包比赛中必做的产品，因为其难度系数很高，非常考验面包师傅的基本功。此款法式弯月羊角面包使用法国t45面粉制作，既有麦香味，又有油脂的香味，味道更加浓郁、有层次。

扫码观看
操作视频

配方

主面团

原料名称	重量（克）	烘焙百分比
t45面粉	1000	100%
砂糖	120	12%
盐	20	2%
鲜酵母	46	4.6%
黄油	82	8.2%
牛奶	166	16.6%
水	320	32%
法国老面	246	24.6%
总重	2000	200%

装饰用

蛋液　适量

其他

片状黄油　适量

制作流程

1 面团搅拌

① 将所有材料一起倒入搅拌缸中。

② 搅拌均匀，有约七成面筋，可拉出光滑的厚膜。

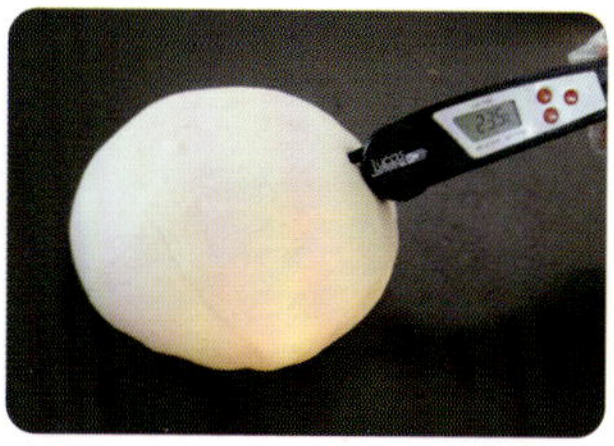

③ 面团出缸温度22～24℃。

2 基础发酵

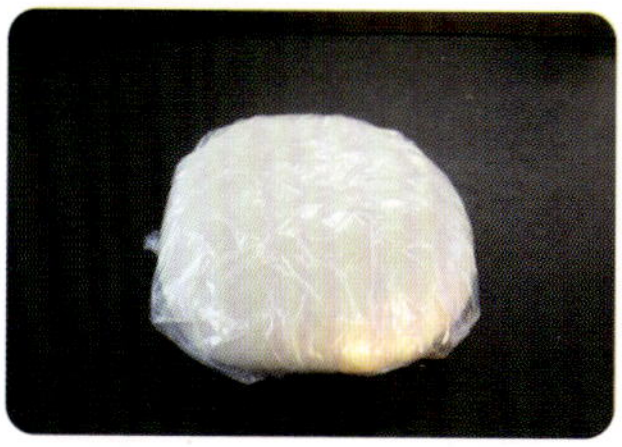

① 将搅拌好的面团用保鲜膜包好，进行基础发酵。

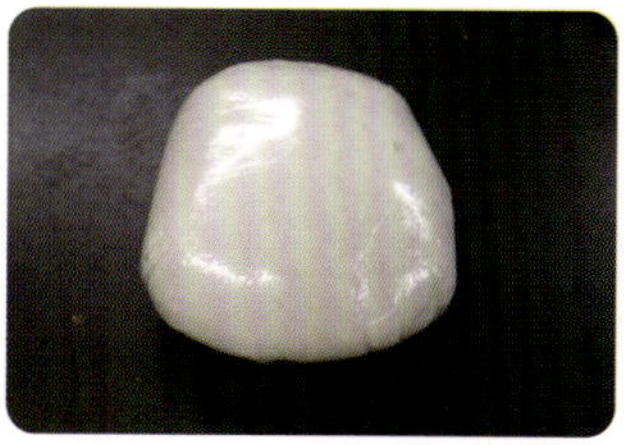

② 温度26～28℃，时间20～30分钟，至原体积的1.2倍大小。

3-1

③ 擀平。

4 用保鲜膜密封。入冰箱冷冻60分钟后转移到3℃的冷藏室冷藏一晚。

3 包油折叠

1 将冷藏好的面团取出。

2 擀开。

注：面团的软硬度要合适，即用手指按压下去不回弹的状态（如上图），如果面团从冰箱取出时过软，需要冷冻 30 分钟左右至合适的状态，才可以进行包油折叠。

3 裹入面团重量1/3的片状黄油。

4 进行四折一次，再三折一次的折叠、擀压。

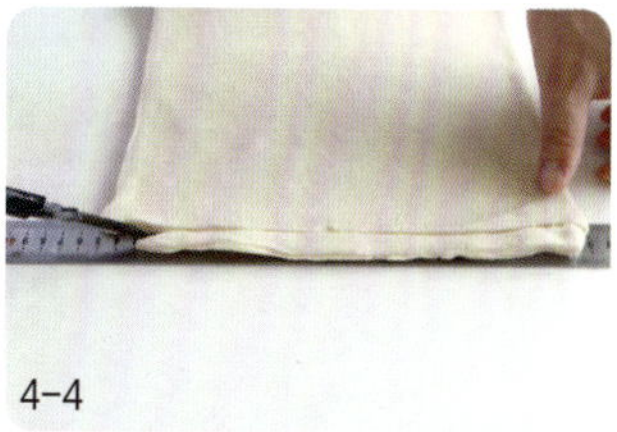
4-4

4-5

4-6

4-7

4-8

4-9

4-10

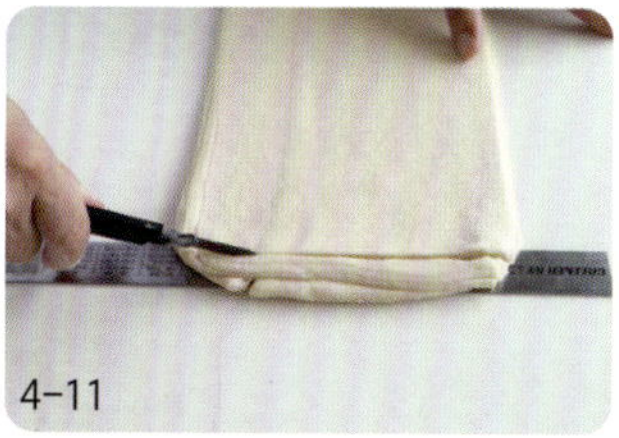
4-11

4-12

4-13

4-14

4-15

4-16

4-17

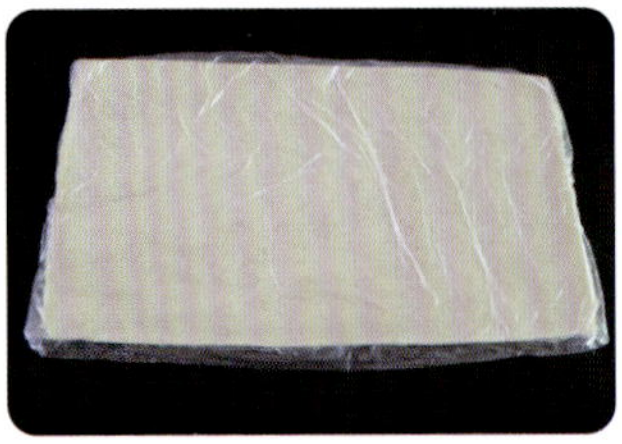

⑤ 再压薄至0.8~1厘米的厚度。

⑥ 用保鲜膜包好，放入冰箱冷冻60分钟，进行松弛。

4 擀压、裁切

① 将折叠、冷冻好的面团进行擀压。

② 压薄至0.45厘米厚，32厘米宽。

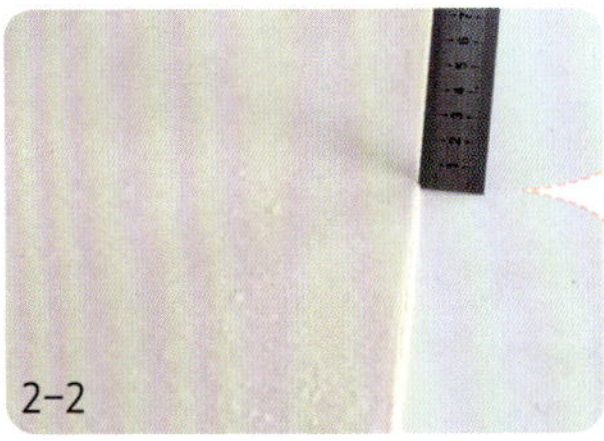

注：压薄之后如果室温过高导致面团过软，需要放入冰箱冻硬之后再进行裁切，不然会收缩变形。

③ 去边裁齐，沿边每10厘米切一个记号，裁切出腰长30厘米、底边长10厘米的等腰三角形。

④ 每个三角形重量约75克。

⑤ 将裁切完成的三角形面片用保鲜膜盖好，放入冰箱冷藏松弛30分钟。

5 成形

① 将松弛好的面团取出进行成形，在底边的中间开一个2厘米长的口。

② 然后将切口分开，角向外卷起。

③ 一直卷到头，第一圈和最后一圈卷松一些。

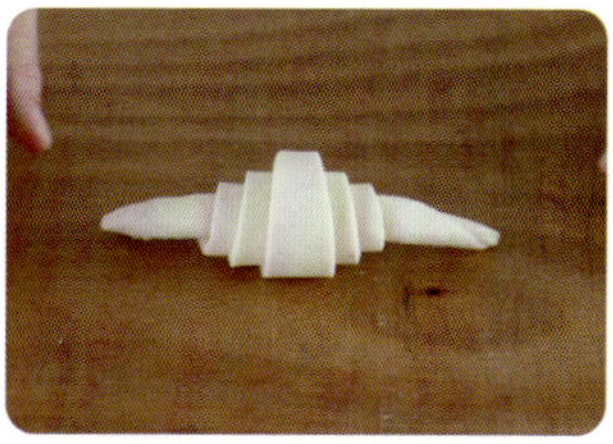

④ 卷成一个有4层阶梯的直羊角面包形状。

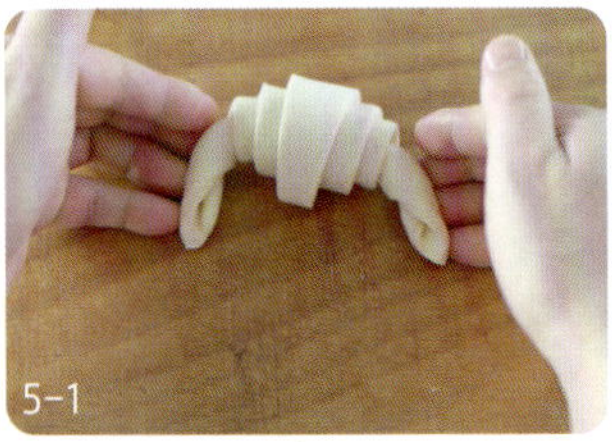

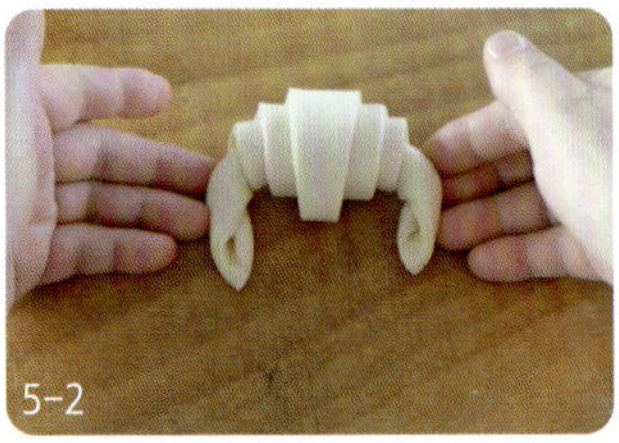

5 稍作松弛，做出弯月形状。

6 最后发酵

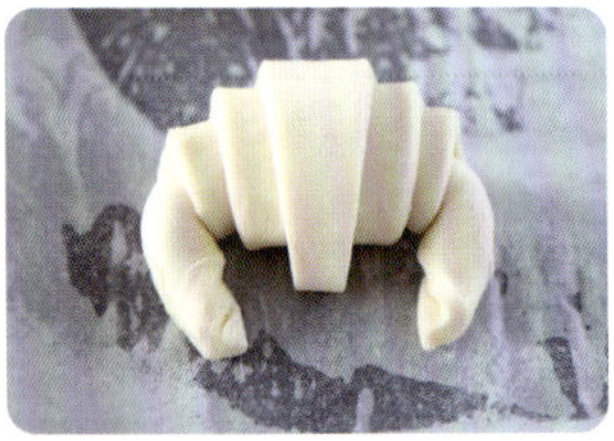

1 将成形完成的面团放入垫好垫盘纸的烤盘里。

2 表面刷上蛋液。

3 室温下回温20分钟后放入发酵箱发酵，温度28~30℃，湿度80%，时间约120分钟。

4 发酵至原体积的2.5倍大小。

7 烤前装饰

将发酵好的面团进行装饰，在表面再次刷上蛋液。

8 烘烤

1 入炉烘烤，上火220℃，下火170℃，或者风炉180℃，时间约15分钟。

2 烘烤完成，出炉。

9 成品展示

心得分享

制作弯羊角，除了面团和包油折叠的温度要控制好之外，成形手法也是非常重要的一环。成形时，手、面团的温度都要低一些，不然很容易让面团里的油脂化开，导致面团层次烂掉。成形的形状、松紧度也都很重要，会影响到面包形状的稳定性。

巧克力可颂

此款产品采用高筋粉和低筋粉复配的配方，便于日常制作。造型属于可颂的升级款，既能体现出可颂类产品的特点：层次分明、组织呈蜂窝状，又能享受到三重复合口味：巧克力、橙皮和芝士的味道在口中碰撞出火花。

配方

主面团

原料名称	重量（克）	烘焙百分比
顶焙良品精制面包粉	800	80%
顶焙良品蛋糕专用粉	200	20%
砂糖	120	12%
盐	20	2%
鲜酵母	46	4.6%
黄油	82	8.2%
牛奶	166	16.6%
水	320	32%
法国老面	246	24.6%
总重	2000	200%

馅料用

耐烘烤巧克力条、糖渍橙皮条　适量

装饰用

蛋液　适量
橙色芝士片、麦嘉香葱片　适量

制作流程

*面团搅拌、基础发酵、包油折叠过程参照法式弯羊角，四折一次，三折一次（见P101~104）。

1 擀压、裁切、成形

3-1

①将折叠完成的面团冷冻后放入冷藏室解冻，然后擀压至0.4厘米厚、28厘米宽，去边、裁切出26厘米长、8.5厘米宽的长方形。

②在长方形面片的一端放耐烘烤巧克力条和糖渍橙皮条。

③卷起。

3-2

3-3

3-4

2 最后发酵

1 将成形好的面团放入垫好垫盘纸的烤盘。

2 放入醒发箱，温度28～30℃，湿度80%，时间约90分钟。

3 发酵至原体积的2倍大小。

3 烤前装饰、烘烤

1 将发酵好的面团取出晾3～5分钟，在表面刷蛋液。

2 入炉，上火220℃，下火170℃，时间约18分钟。或者风炉180℃，时间约16分钟。

3 烤好出炉。

4 装饰

1 在可颂表面放一片橙色芝士片。

2 入炉加热2分钟。

3 撒上麦嘉香葱片装饰。

5 成品展示

心得分享

最后烘烤环节一定要确保巧克力可颂完全烘烤完毕，再放芝士片进行二次烘烤，以免产品取出过早，内部组织收缩塌陷。

炫彩可颂、炫彩陀螺

这两款可颂采用覆皮法，展现出彩色的视觉效果，再结合开酥面团，属于可颂的升级款。外形让人眼前一亮，侧面层次分明，内部组织呈蜂窝状。

配方

*原味面团配方参照巧克力可颂（见P109）。

黑色面团

原料名称	重量（克）
原味面团	300
麦嘉植物炭黑	1

红色面团

原料名称	重量（克）
原味面团	300
红曲粉	5
红色粉	0.3

绿色面团

原料名称	重量（克）
原味面团	300
麦嘉抹茶粉	5

装饰用

蛋液　适量

制作流程

1 面团搅拌

① 将面团分别加入食用色素。

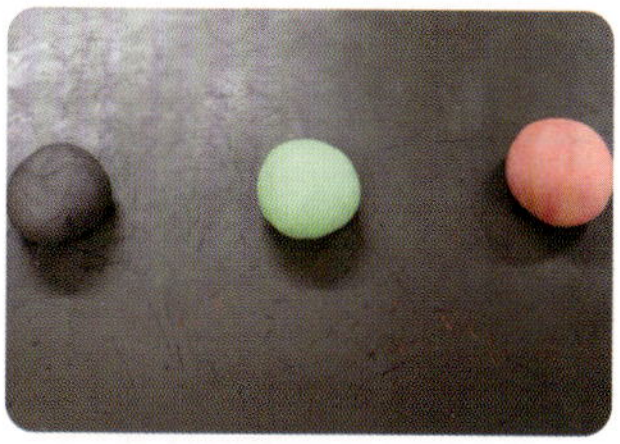

② 将面团揉圆。

2 擀压、预成形

① 将彩色面团压扁。

② 将三个面团重叠在一起。

③ 擀压成面片后，从中间切开。

④ 在面片上喷水。

⑤ 将面片重叠在一起。

⑥ 包保鲜膜，入冰箱冷冻备用。

3 擀压、裁切、成形A

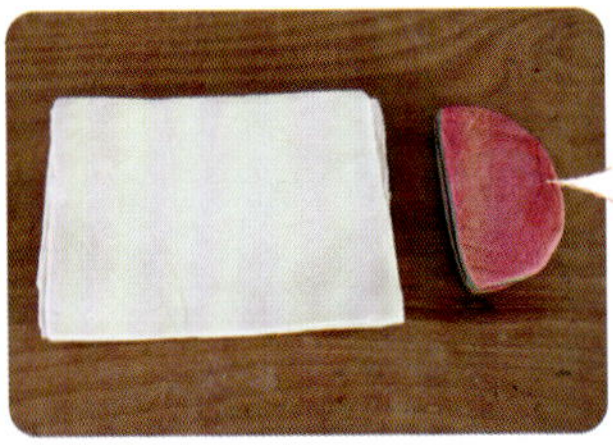

注：面团搅拌、基础发酵、包油折叠过程请参照法式弯羊角，四折一次，三折一次（见 P101 ~ 104）。

❶ 将彩色面团放入冷藏室解冻；准备好已经折叠完成、开酥完毕的可颂面团（见P101）。

❷ 将彩色面团裁切成厚0.3厘米的薄片。

❸ 均匀地平铺在可颂面团上。

❹ 撒手粉进行擀压。

❺ 压薄至0.4厘米厚、32厘米宽。

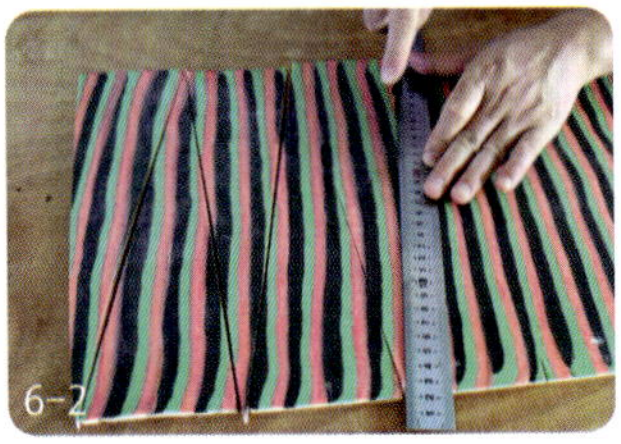

❻ 去边，裁切出腰长30厘米、底边长9厘米的等腰三角形。

❼ 从底边中心位置开一个小口。

❽ 从开口处卷起，卷成卷。

成形B

① 把等腰三角形从中间切开，成直角三角形。

② 卷起。

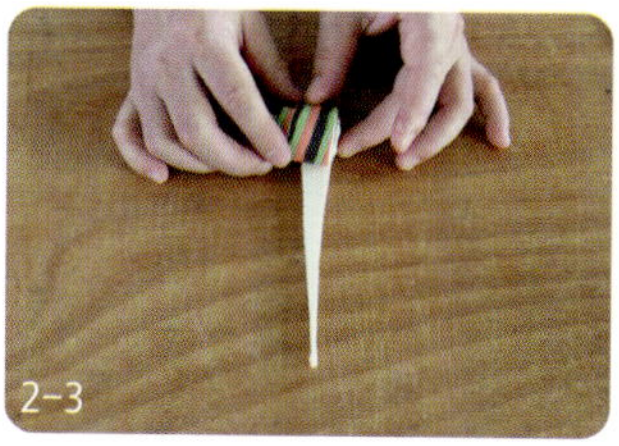

4 最后发酵

① 将成形好的炫彩可颂和炫彩陀螺放入垫好垫盘纸的烤盘。

② 放入醒发箱，温度28～30℃，湿度80%，时间约120分钟。发酵至原体积的2.5倍大小。

5 烤前装饰、烘烤

❶ 将发酵好的面团取出晾3～5分钟，在表面刷蛋液。

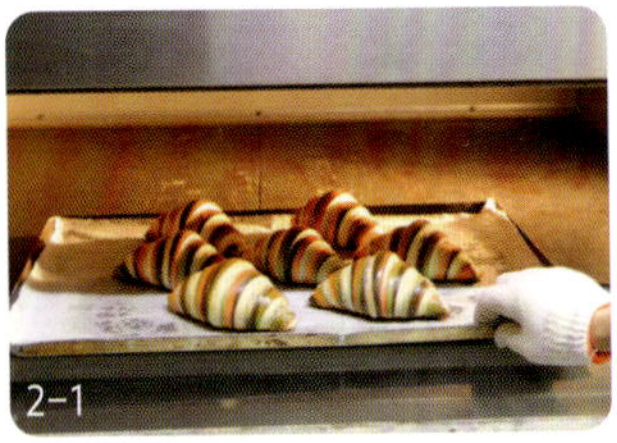

❷ 入炉烘烤，上火190℃，下火170℃，时间约18分钟。或者风炉170℃，时间约15分钟。

6 成品展示

心得分享

重叠后的彩色面团裁切时不可太厚，控制在0.3厘米；平铺在可颂面团上之前，要在可颂面团表面喷少许水，有助于粘贴得更加牢固。最后成形卷起时，最后一圈不可卷得过紧，防止最后烘烤时崩裂。

除本书配方中的植物炭黑、抹茶粉等原料外，麦嘉还拥有火龙果粉、草莓粉、南瓜粉、紫薯粉等几十种果蔬粉，适用于蛋糕、面包、西点、慕斯、饮料以及各种面食的制作。下面这些多种多样的产品就是用麦嘉“葉世粮仓”的天然果蔬粉制作出来的，色彩丰富、鲜艳。

麦嘉宗旨：远离营养过剩，多食天然植物。

麦嘉（苏州）食品有限公司作为果蔬粉行业的引领者，旗下品牌“葉世粮仓”致力于100%天然果蔬粉研发与创新，拥有20年的制粉经验，产品出口美国、欧盟、日本、韩国、东南亚等国家和地区，公司产品还通过了HACCP、ISO9000等质量体系认证。

日式可颂

日式可颂因利用日式面粉的细腻，并且包油折叠时使用三折三次，层次更多，油脂跟面团融合性更好，虽然层次表现不算十分明显，但是成品口感的化口性、酥松性会更加突出。

扫码观看
操作视频

配方

主面团

原料名称	重量（克）	烘焙百分比
日本法式粉	900	90%
日式高筋粉	100	10%
盐	18	1.8%
砂糖	80	8%
鲜酵母	45	4.5%
牛奶	240	24%
水	330	33%
老面	100	10%
黄油	50	5%
总重	1863	186.3%

装饰用

蛋液　适量

其他

片状黄油　适量

制作流程

1 面团搅拌

① 将所有材料一起倒入搅拌缸中。

② 搅拌至完全均匀、表面光滑（约五成面筋）。

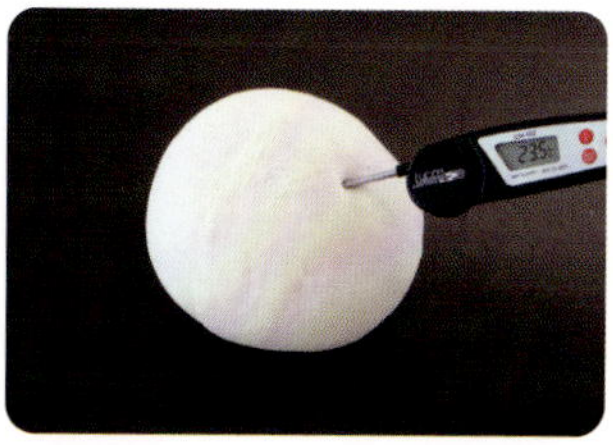

③ 面团出缸温度22～24℃。

2 基础发酵

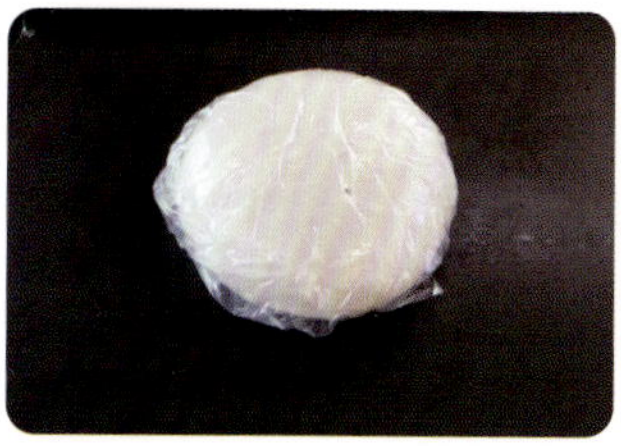

① 将搅拌好的面团裹上保鲜膜，进行基础发酵。

② 发酵温度26～28℃，发酵时间20～30分钟，至原体积的1.2倍大小。

③ 去掉保鲜膜，用擀面杖将面团擀平。

④ 用保鲜膜密封。

⑤ 将面团冷冻60分钟后转移到3℃的冰箱中冷藏一晚。

3 包油折叠

① 称出重量为面团重量1/3的片状黄油，用擀面杖擀压至合适的大小（面团大小的一半），软硬度要适中。

注：面团的软硬度要合适，
用手指按压下去不回弹的状态
即可，如果面团取出时过软，需要
放入冷冻室冷冻30分钟左右至合适
的状态，才可以进行包油折叠。

2-1

2-2

2 将冷藏好的面团取出。

3 将面团擀平。

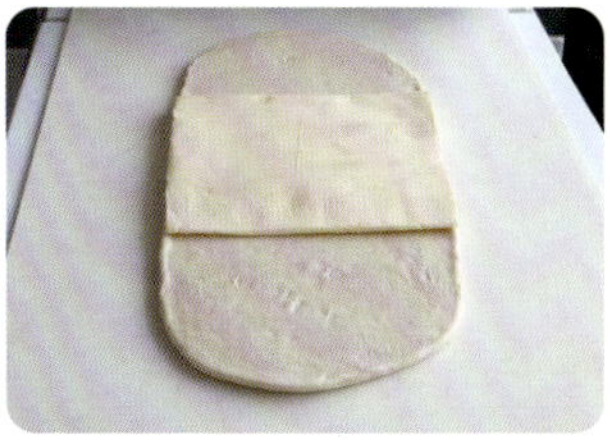

4 将片状黄油放在面皮中央。

5-1

5-2

5 用面皮包裹住片状黄油。

6-1

6 进行三折两次的折叠擀压后放入冰箱冷冻30分钟。

6-2

6-3

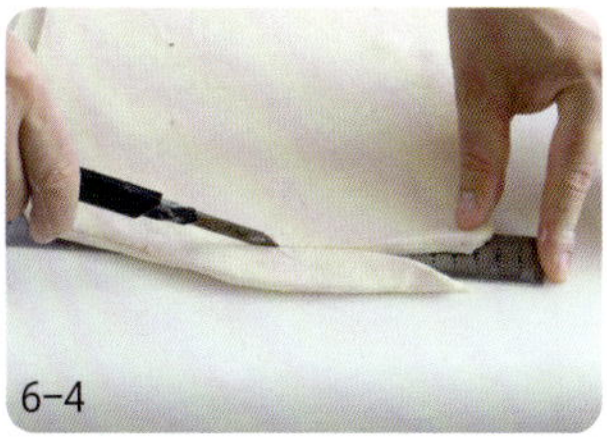
6-4

6-5

6-6
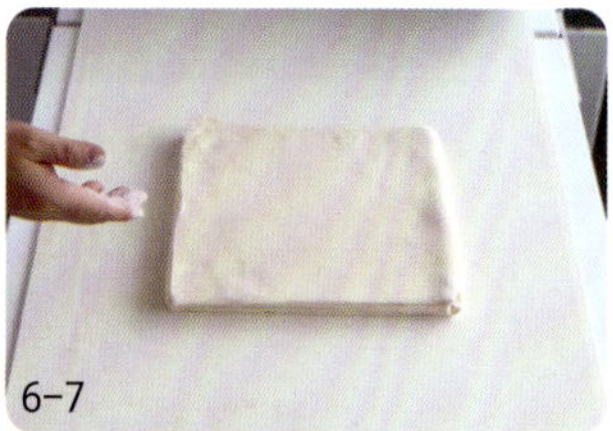
6-7

7-1
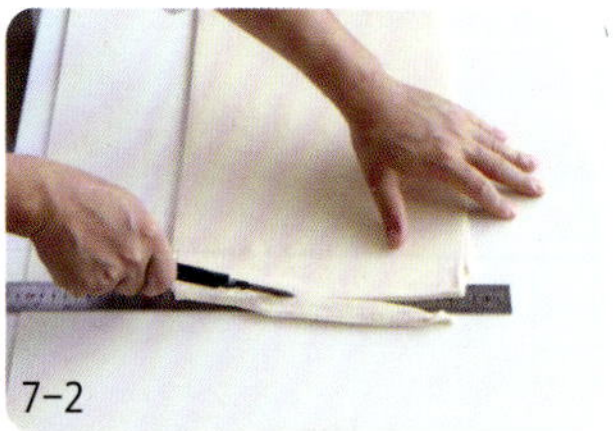
7-2

7-3

7 再进行三折一次的折叠擀压。

7-4
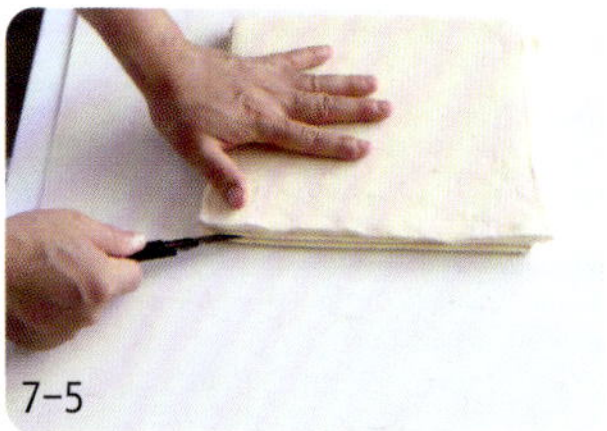
7-5

4 冷冻、松弛

1-1

1-2
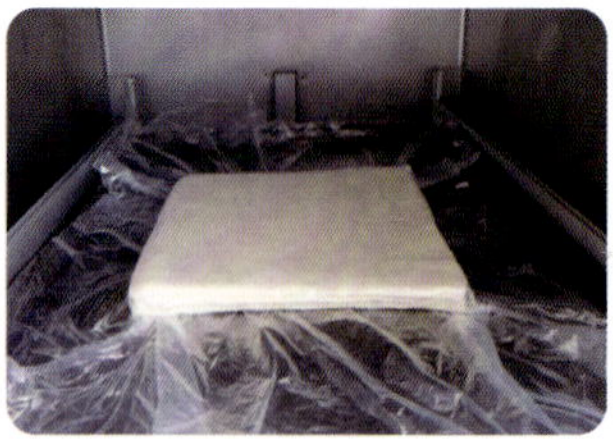

1 用保鲜膜覆盖。

2 放入冰箱冷冻60分钟进行冷冻、松弛。

5 擀压、裁切

1-1

1-2

1-3

❶ 将冷冻、松弛好的面团取出。

2-1

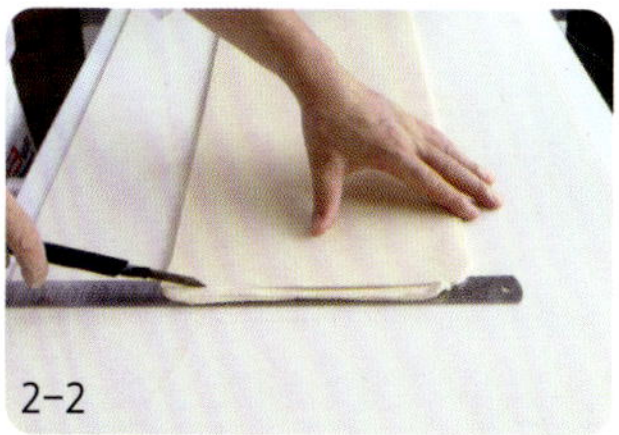
2-2

2-3

❷ 再次擀压、折叠。

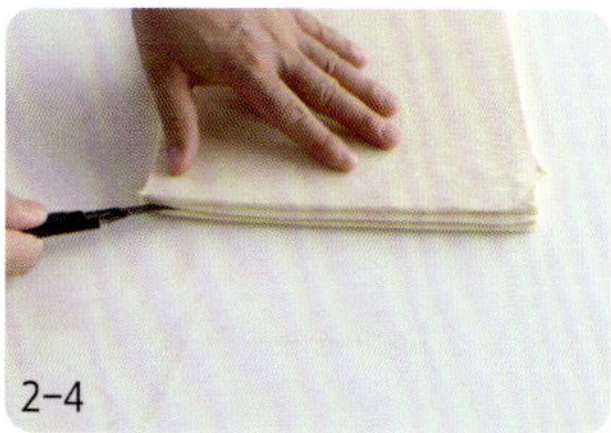
2-4

2-5

注：压薄后如果室温过高导致面团过软，需要再次用保鲜膜包裹、放入冰箱冻硬之后再进行裁切，不然会收缩变形。

3-1

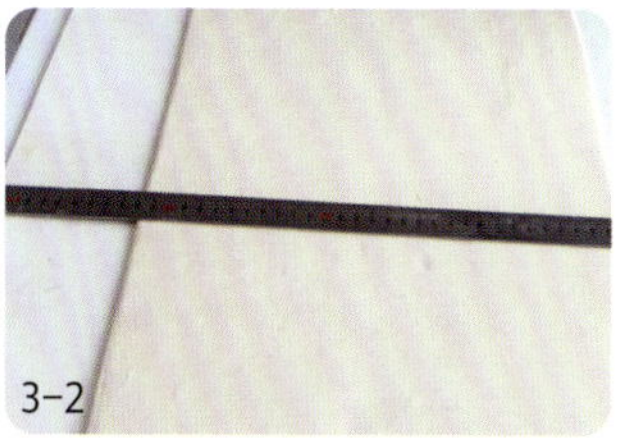
3-2

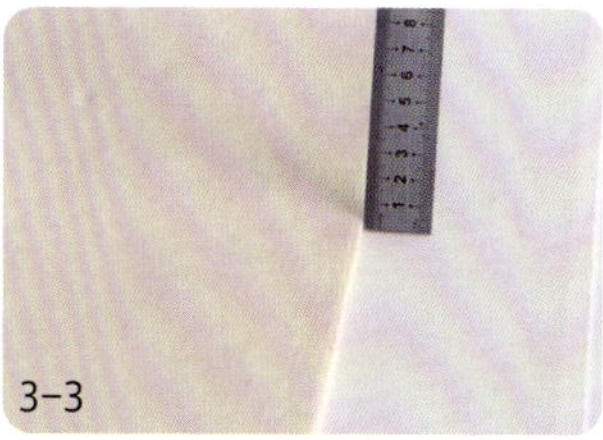
3-3

❸ 继续擀压，直至压薄成为0.4厘米厚、32厘米宽的面皮。

④ 裁切出腰长30厘米、底边长10厘米的等腰三角形。

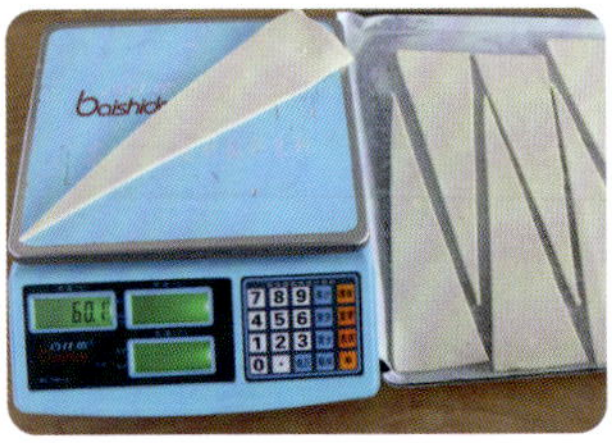

⑤ 每个三角形重约65克。

⑥ 裁切完成后将面皮放入冷藏室中松弛、冷藏30分钟。

6 成形

① 将松弛好的面皮取出进行成形，在三角形的底边中间开一个1厘米长的口。

② 将切口分开，角向外卷起。

③ 一直卷到头。

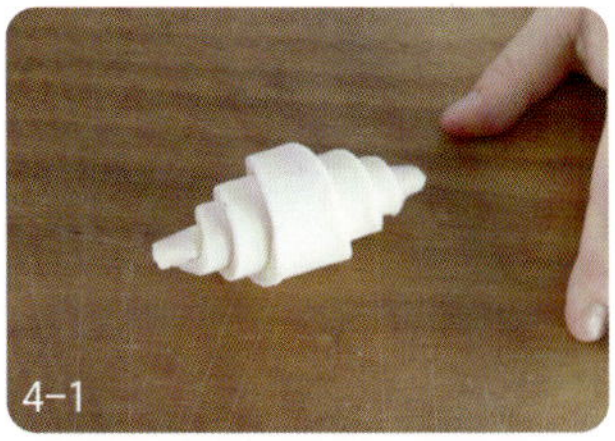

4 第一圈和最后一圈卷松一些。卷成一个有4层阶梯的直羊角面包形状。

7 最后发酵

1 将成形好的面团放入垫好垫盘纸的烤盘里，室温下回温20分钟。

2 放入发酵箱发酵，温度28～30℃，湿度80%，时间约120分钟。

3 发酵至原体积的2.5倍大小。

8 烤前装饰

在发酵好的面团表面刷上蛋液。

9 烘烤

① 入炉烘烤，上火220℃，下火170℃，或者风炉180℃，时间约15分钟。

② 烘烤完成，出炉。

10 成品展示

心得分享

面团搅拌不要过度，因面粉粉质细，面团在松弛的时候会形成一定的面筋，如果搅拌过度会影响酥脆感。还要注意面团发酵温度的控制。与片状黄油结合时，面团和油脂的软硬度一定要控制好，不然会导致成品层次、形状、色泽表现不佳，同时也不易操作。

扫码观看
操作视频

布朗巧克力

此款丹麦产品包裹布朗尼蛋糕内馅，布朗尼质地介于蛋糕与饼干之间，口感湿润，其中还添加了大量的果仁（松子仁、核桃仁、南瓜子、杏仁片），让这款蛋糕充满了巧克力与黄油、混合果仁等多种香味，味道上有明显的层次感。

配方

主面团

原料名称	重量（克）	烘焙百分比
顶焙良品丹麦面包专用粉	500	100%
砂糖	60	12%
盐	10	2%
老面	40	8%
鸡蛋	50	10%
鲜酵母	15	3%
黄油	35	7%
冰水	100	20%
牛奶	140	28%
深黑可可粉	3	0.6%
总重	953	190.6%

其他

油脂　290克

装饰用

糖水　适量

制作流程

1 面团搅拌

① 将除黄油和深黑可可粉外的所有原料倒入搅拌机中，搅拌成团。

② 加入黄油搅拌。

③ 将面团搅拌至接近完全扩展状态，面筋膜断口处光滑。

4-1

4-2

5-1

④ 将深黑可可粉加入少量水，搅拌成糊状。

⑤ 取出300克搅拌好的面团，与可可粉搅拌均匀。

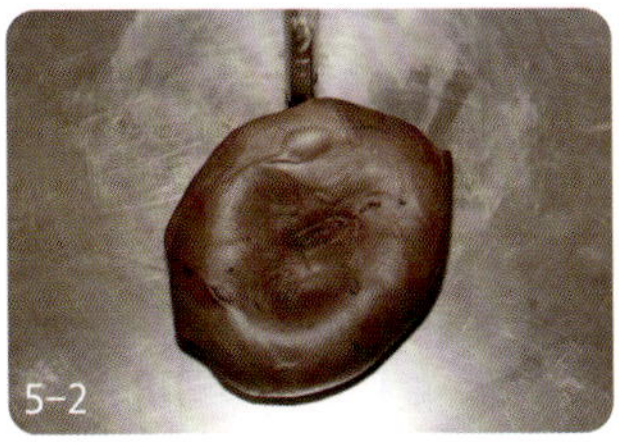

⑥ 将剩余650克面团收圆，放入烤盘。

2 冷藏隔夜

面团出缸温度23℃，将调制黑色外皮与650克面团放入3℃冷藏箱冷藏12小时。

3 包裹油脂

① 将油脂冲压至0.5厘米厚。

② 将冷藏一夜的原色面团取出，冲压至油脂两倍大小。

③ 用面团包裹油脂。两侧开口。

4 折叠、贴皮

① 将包裹油脂的面团进行四折一次。

② 两头去边，侧边开口。

③ 再进行四折一次。

④ 将黑色皮压薄。

⑤ 喷水，贴在面团顶部，冷冻25分钟。

5 裁切

① 将丹麦面团冲压成32厘米宽、78厘米长。

② 用6寸（20厘米）模具底裁切丹麦皮，每块重量为85克。

6 成形

① 将模具放在丹麦皮顶部，按模具空隙进行裁切。

② 顶部放上一块布朗尼蛋糕（见P132）。

③ 将裁切好的丹麦皮一片片叠起。

4 翻过来，放入模具即可。

7 最后发酵

放入发酵箱，温度30℃，湿度75%，发酵75分钟。

8 烘烤

1 将发酵好的丹麦皮放入风炉，170℃烘烤16分钟。

2 出炉后脱模，刷糖水即可。

9 成品展示

心得分享

1. 面团最佳温度为22～24℃。

2. 面团折叠完成后需冷冻。如冷冻时间较长，务必先放入冷藏室解冻，否则会出现油层断裂的现象。

3. 布朗尼蛋糕在刻压圆形时注意不要压歪。

4. 带颜色的丹麦皮烘烤前不宜刷蛋液，出炉刷糖水即可。

配方

布朗尼蛋糕

原料名称	重量（克）
鸡蛋	350
砂糖	150
低筋粉	113
泡打粉	3
黄油	100
巧克力	300
核桃仁	100
南瓜子	40
松子	40

制作流程

1 黄油、巧克力、果仁处理

① 将黄油、巧克力倒入盆中。

② 隔水化开。

③ 加入烤熟并切碎的果仁，搅拌均匀。

2 蛋糕糊搅拌

① 将鸡蛋、砂糖倒入奶油机中，搅拌至微发。

② 加入低筋粉、泡打粉，搅拌均匀。

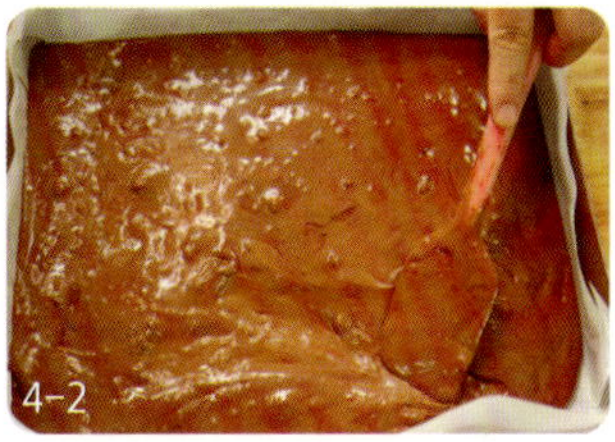

③ 倒入步骤1的材料，搅拌均匀。

④ 倒入模具中，铺平。

3 烘烤

① 将布朗尼蛋糕放入烤箱，上火165℃，下火160℃烘烤25分钟。

② 出炉。

4 切割

① 将布朗尼蛋糕冷凉倒扣，用直径4厘米圆形模具压刻。

② 每个重量20～22克。

咖喱皇冠

一款流行风味丹麦可颂，自制牛肉咖喱馅料与精美、漂亮的条纹丹麦相搭配，呈现出皇冠的造型，自然而然地展现出一种与众不同的魅力。

配方

主面团

原料名称	重量（克）	烘焙百分比
顶焙良品丹麦面包专用粉	500	100%
砂糖	60	12%
盐	10	2%
老面	40	8%
鸡蛋	50	10%
鲜酵母	15	3%
黄油	35	7%
冰水	100	20%
牛奶	140	28%
红曲粉	5	1%
总重	955	191%

其他

油脂　290克

装饰用

糖水、青提　适量

制作流程

1 面团搅拌

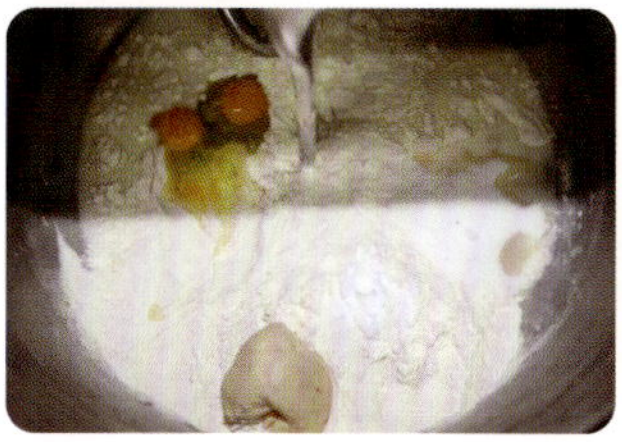

① 将除黄油和红曲粉外的所有原料倒入搅拌机中，搅拌成团。

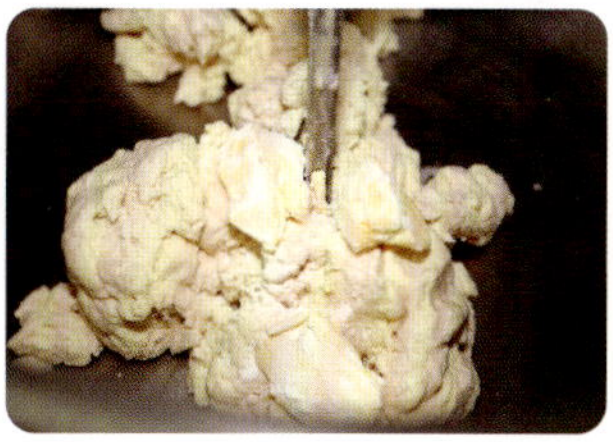

② 加入黄油。

③ 将面团搅拌至接近完全扩展状态，面筋膜断口处光滑。

④ 将红曲粉加入少量水，搅拌成糊状。

⑤ 与300克搅拌好的面团搅拌均匀。

⑥ 将剩余650克面团收圆，放入烤盘。

2 冷藏隔夜

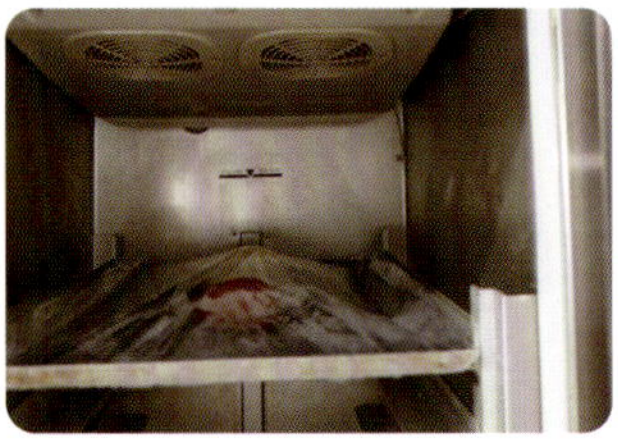

面团出缸温度23℃，将调制红色外皮与650克面团放入3℃冷藏箱，静置12小时。

3 包裹油脂

① 将油脂冲压成0.5厘米厚。

② 将冷藏一夜的原色面团取出，冲压至油脂两倍大小。

③ 用面团包裹油脂。

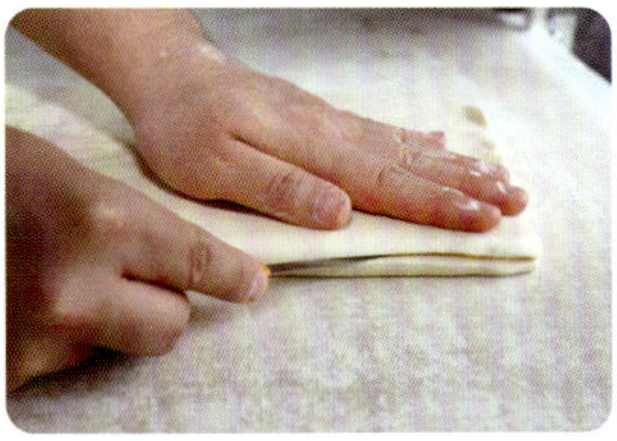

④ 两侧开口。

4 折叠、贴皮

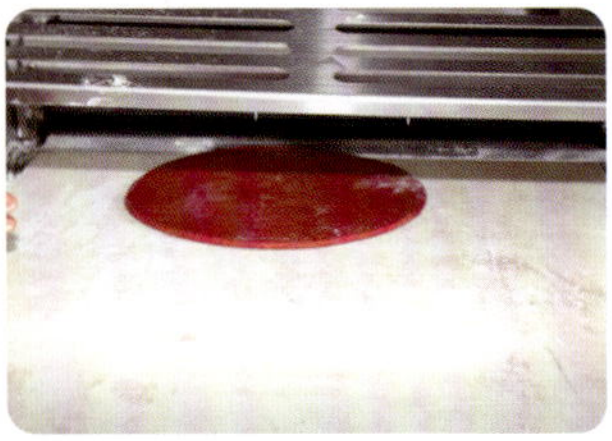

① 将红色皮压薄。

② 面团进行四折一次折叠。

③ 两侧开口。

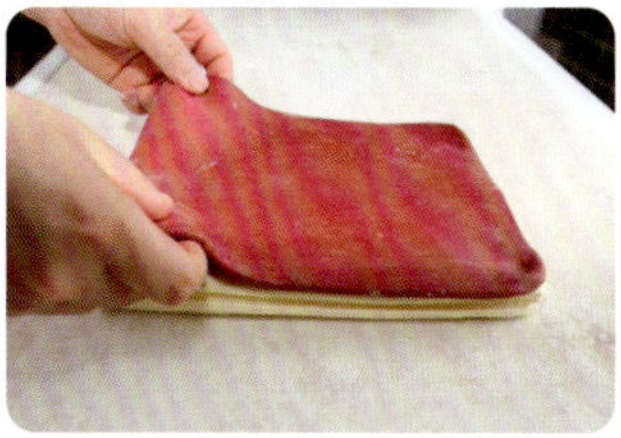

④ 将红色皮盖在面团顶部。

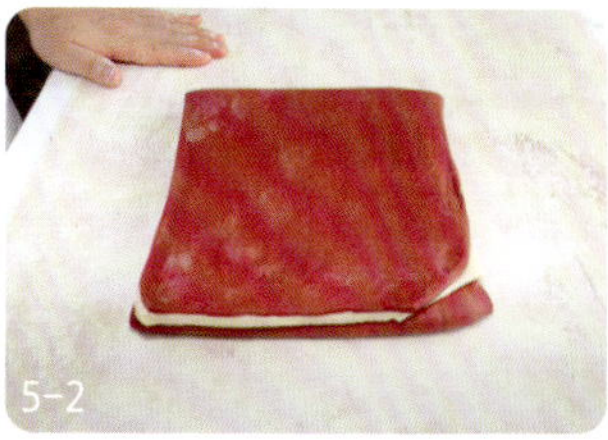

⑤ 再进行三折一次折叠（将压好的面团均匀分割3份，叠在一起）。

⑥ 冷冻20分钟。

⑦ 将面团开至30厘米宽，40厘米长，上下两边去边。

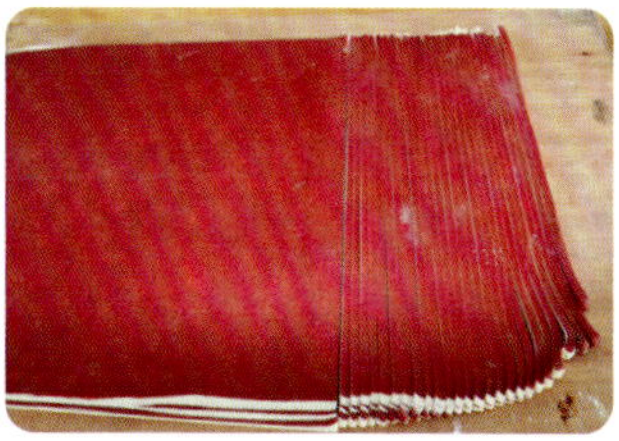

⑧ 从左侧开始裁切0.3厘米宽的条，喷水。

⑨ 切面冲上，横着贴在面团上（如左侧面团不够，可从底部切割）。冷冻15分钟。

5 成形

① 将面团冲压成29厘米宽，50厘米长，0.6厘米厚。

② 裁切成15厘米长，7厘米宽，每块重75克的面皮。

③ 用擀面杖轻轻擀压。

④ 挤入25克咖喱馅料（见P139），两边捏合。

⑤ 中间切一刀，两边各切两刀。

⑥ 接口处冲下放入模具即可。

6 最后醒发

① 放入发酵箱，温度30℃，湿度75%。

② 发酵75分钟，发酵至模具七分满。

7 烘烤

① 放入170℃风炉烘烤15分钟。

② 出炉脱模，刷糖水，冷凉后顶部放一颗青提。

8 成品展示

心得分享

1. 咖喱馅料应冷藏储存，3天内使用完。

2. 如面团冷冻过久，应先放入冷藏室解冻再冲压，可避免油层断裂。

3. 此产品由红曲粉调制外皮，烘烤前不宜刷蛋液。

4. 在切割、贴外皮时动作要快，时间过长会导致面团过软，不易操作。

配方

咖喱馅料

原料名称	重量（克）
洋葱丁	30
胡萝卜丁	75
咖喱块	50
牛肉丁	150
青椒丁	100
土豆泥	150
清水	500
香叶	3（片）
八角	2（颗）
小葱	2（根）

制作流程

1 炖牛肉

① 锅中倒入清水，放香叶、八角、小葱。

② 放入牛肉丁，炖熟（牛肉汤不要扔）。

2 炒咖喱

① 炒锅中加入少许黄油（材料外），加入洋葱，炒至微黄。

② 加入胡萝卜丁炒熟。

③ 加入咖喱块与少许牛肉汤，翻炒均匀。

④ 加入炖牛肉，炒匀。

⑤ 加入土豆泥和青椒丁，炒匀即可。

注：土豆泥为土豆蒸熟后捣成泥，胡萝卜丁过热水焯至半熟。

CHAPTER 5

软欧面包类

富有的南瓜

此款南瓜软欧包使用了多种馅料和装饰料进行制作，是材料相当丰富的一款面包，味道独特、口感丰富，非常具有“网红”属性。

扫码观看
操作视频

配方

主面团

原料名称	重量（克）	烘焙百分比
顶焙良品日式面包粉	500	50%
顶焙良品精制面包粉	500	50%
砂糖	120	12%
干酵母	12	1.2%
麦嘉南瓜粉	20	2%
葡萄种	150	15%
烫种	100	10%
牛奶	450	45%
南瓜泥	300	30%
盐	12	1.2%
黄油	50	5%
总重	2214	221.4%

其他

辣松　5克

制作流程

1 面团搅拌

❶ 将除黄油外的所有材料一起放入缸中搅拌。

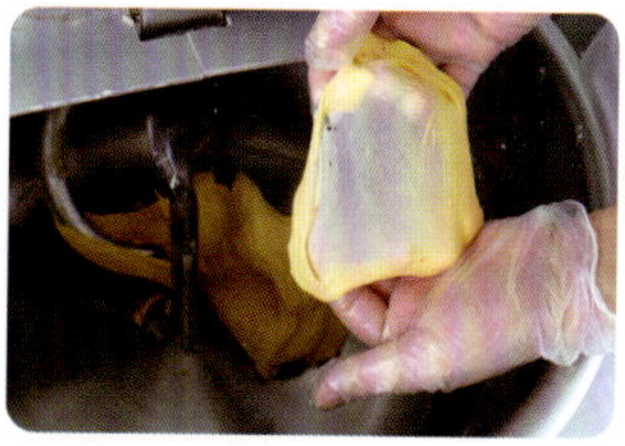

❷ 慢速拌匀后快速搅拌至面筋扩展阶段。

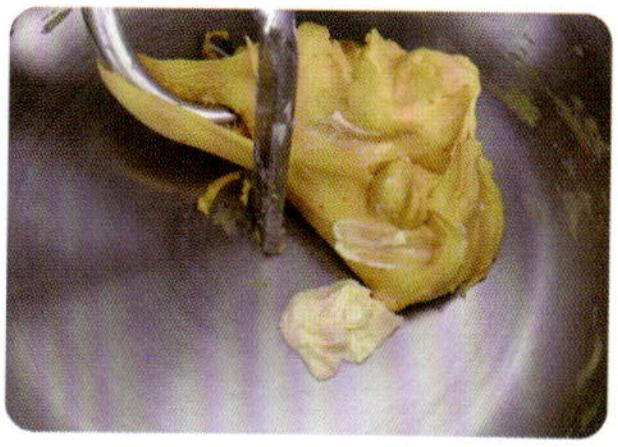

❸ 加入黄油继续搅拌均匀至完全扩展阶段。

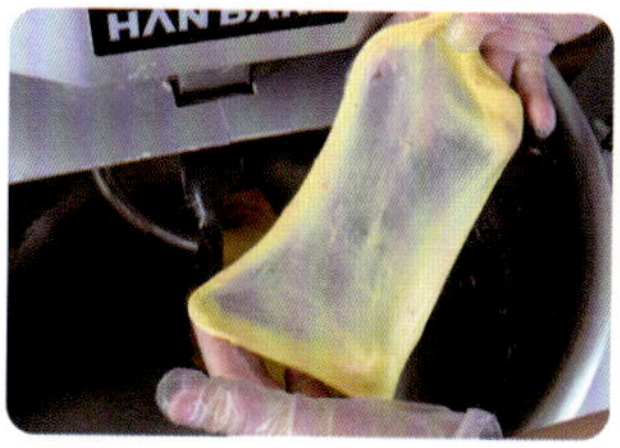

❹ 可拉出薄膜，无锯齿状，即可出缸。

❺ 面团出缸温度：26～28℃。

2 基础发酵

① 将搅拌好的面团放入发酵箱中进行发酵，发酵温度28～32℃，时间50分钟左右。

② 发酵至原体积的1.5～2倍大小。

3 分割、预成形

① 将基础发酵好的面团进行分割，每块重量150克。

② 滚圆。

4 中间松弛

将预成形好的面团放入发酵箱中松弛，温度26℃左右，湿度80%，时间约30分钟。

5 成形

① 将松弛好的面团取出，擀开成圆形。

② 依次包入麻薯馅（见P146）70克、芋泥馅（见P146）40克、芝士红豆馅（见P147）40克、辣松、鸭蛋黄。

③ 包成圆形。

6 最后发酵

❶ 将成形好的面团放入发酵箱中，温度32℃，湿度80%，发酵50分钟左右。

❷ 至原体积的2～2.5倍大小。

7 烤前装饰

❶ 在发酵好的面团上，挤上牛油果酱（见P147）。

❷ 再摆上芝士片（见P148）。

❸ 最后挤上岩烧芝士酱（见P148）即可。

8 烘烤

上火200℃，下火180℃，喷蒸气3秒，烘烤约12分钟左右。

9 成品展示

心得分享

这款面包因馅料含量较高，所以成形时一定要注意面团擀平时中间的厚度，不能太薄。如果做出来的面包底部面团过多，中间、上面部分面团太少，包裹过多馅料，烘烤时容易爆裂。

配方

麻薯馅

原料名称	重量（克）
砂糖	60
麻薯粉	150
水	280
黄油	28

制作流程

① 将砂糖、麻薯粉在容器中拌匀。

② 将水和黄油烧开，冲入步骤1的材料中。

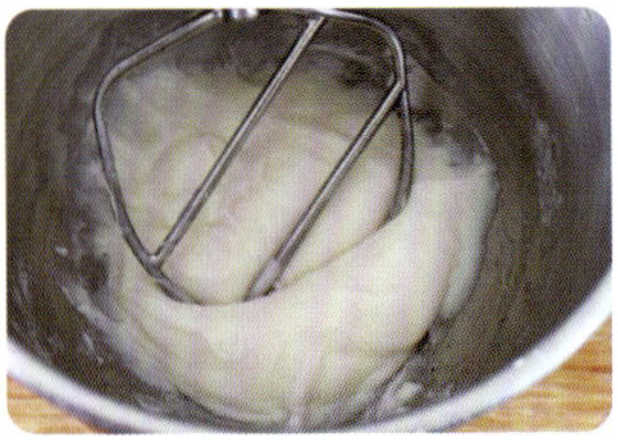

③ 快速拌匀，放入冰箱冷藏。

芋泥馅

原料名称	重量（克）
芋泥	200
炼乳	50

制作流程

将芋泥、炼乳搅拌均匀即可。

芝士红豆馅

原料名称	重量（克）
红豆馅	200
芝士	50

制作流程

红豆馅做法请参考日式樱花红豆包（见P30）。

将红豆馅、芝士拌匀即可。

鸭蛋黄

原料名称	重量
鸭蛋黄	适量
高度白酒	适量

制作流程

① 在鸭蛋黄上喷上高度白酒。

② 入炉180℃烘烤5分钟，烤熟即可。

牛油果酱

原料名称	重量（克）
牛油果	200
沙拉酱	100

制作流程

① 将牛油果去皮、打成酱。

② 加入沙拉酱拌匀。

③ 装入裱花袋备用。

岩烧芝士酱

原料名称	重量（克）
黄油	80
砂糖	18
淡奶油	80
芝士片	50

制作流程

① 将所有材料一起放入厚底锅中。

② 小火加热至化开，混合均匀。

③ 装入裱花袋备用。

芝士片

原料名称	重量
芝士片	适量

制作流程

将芝士片切成小片即可。

芝薯芋泥

一款低油、低糖的软欧产品，用新鲜菠菜加入饮用水打成菠菜汁，加入面团中，使这款产品更具有营养价值。内馅是用应季新鲜紫薯、芋头、红薯蒸熟后调制而成，包裹具有流心效果的巧克力甘纳许。这是一款多口味、多重色彩的健康软欧产品。

配方

主面团

原料名称	重量（克）	烘焙百分比
顶焙良品精制面包粉	500	100%
海藻糖	60	6%
砂糖	60	6%
盐	6	1.2%
葡萄种	100	20%
烫种	50	10%
黄油	30	6%
水	350	70%
新鲜菠菜	60	12%
鲜酵母	12	2.5%
总重	1228	233.7%

制作流程

1 菠菜处理

将新鲜菠菜和水放入料理机，打成菠菜汁，备用。

2 面团搅拌

① 将除黄油外的所有原料倒入搅拌机中搅拌。

② 搅拌至扩展阶段，断口处光滑。

③ 加入黄油慢速搅拌1分钟。

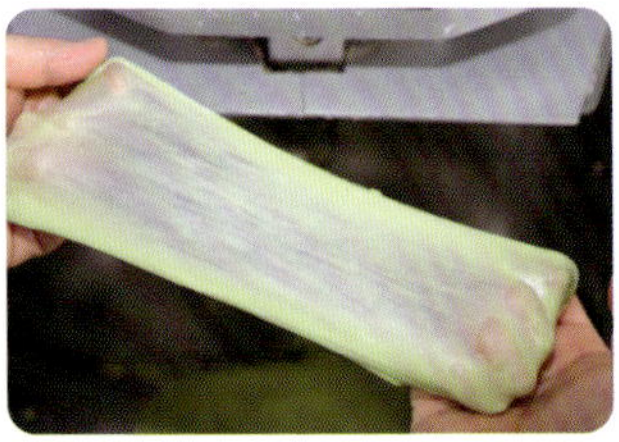

④ 快速搅拌2分钟至完全扩展阶段。

3 基础发酵

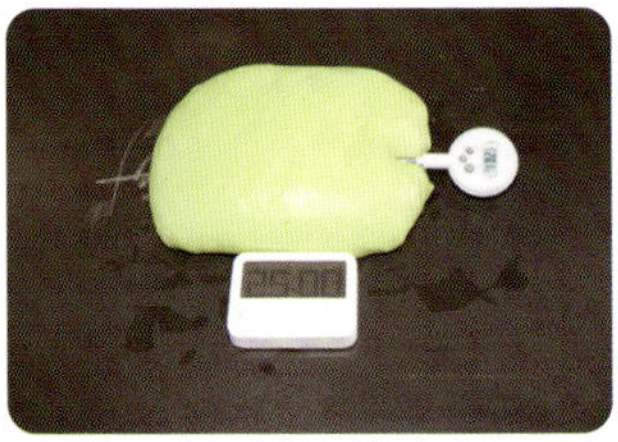

① 面团出缸温度28℃，室温28℃环境下基础发酵25分钟。

4 分割、预成形、中间松弛

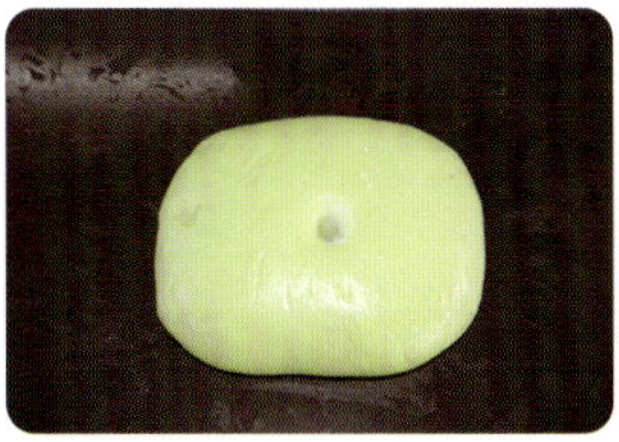

② 面团发酵至原体积1.5倍大小。

① 分割成每个120克。

② 揉圆，室温松弛20分钟。

5 馅料处理

① 将紫薯馅、芋泥馅、红薯馅（见P153）分割成每个50克。

② 压开，分别挤入4克巧克力甘纳许（见P153）。

③ 包裹成圆柱形。

6 成形

① 将发酵好的面团排气，翻面。

② 放入馅料，包裹起来。

③ 喷水，蘸芝士粉，摆盘。

7 最后发酵、烘烤

① 将成形好的面包放入发酵箱，温度30℃，湿度75%，醒发45分钟。

② 入炉烘烤。上火195℃，下火200℃。喷蒸气，烘烤13分钟。

8 成品展示

心得分享

1．在调制三种馅料时，需要将原料蒸熟后立刻放入奶油机中打成泥。因为三种馅料中含有大量淀粉，如稍微冷却后搅拌会有颗粒感。

2．巧克力甘纳许需要提前冷藏储存备用。

3．入炉烘烤产品要喷蒸气，这样芝士粉能烘烤出红润感。

4．面团中添加海藻糖能够有效保湿，延缓面团老化。

配方

巧克力甘纳许

原料名称	重量（克）
巧克力	100
淡奶油	100

制作流程

① 将巧克力、淡奶油倒入碗中混合。隔水加热至完全化开。

② 装入裱花袋，冷却备用。

紫薯馅

原料名称	重量（克）
蒸熟紫薯	300
白巧克力币	50

制作流程

① 将蒸熟紫薯倒入奶油机搅拌成泥，加入白巧克力币。

② 搅拌至白巧克力币化开即可。

芋泥馅

原料名称	重量（克）
蒸熟芋头	300
白巧克力币	50

制作流程

① 将蒸熟芋头倒入奶油机搅拌成泥。

② 加入白巧克力币，搅拌至巧克力币化开即可。

红薯馅

原料名称	重量（克）
蒸熟红薯	300
白巧克力币	50

制作流程

① 将蒸熟红薯倒入奶油机搅拌成泥，加入白巧克力币。

② 搅拌至白巧克力币化开即可。

南红金瓜

此款产品采用覆包法，外皮和南瓜面团形成色差，造型形似南瓜，带来视觉冲击，再结合布朗尼核桃馅，甜味适中，酵香味十足，湿软且弹性十足。

配方

南红欧克皮

原料名称	重量（克）
高筋粉	300
砂糖	30
黄油	80
红曲粉	6
食用红色粉	0.2
泡打粉	5
盐	5
水	160
总重	586.2

制作流程

1 面团搅拌

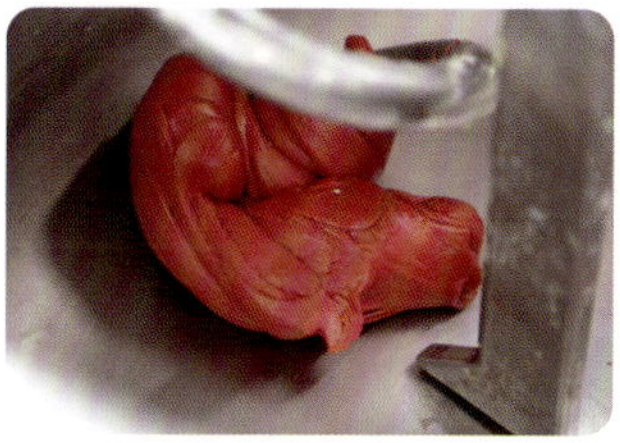

① 将除黄油外的所有原料倒入和面机中，慢速2分钟、快速4分钟搅拌至面团表面光滑。

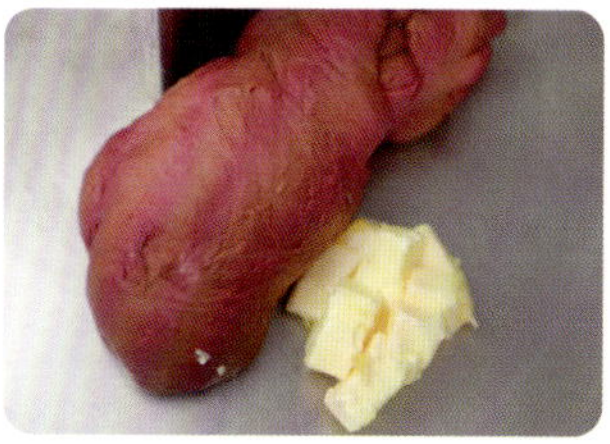

② 加入黄油，慢速2分钟、快速2分钟搅拌。

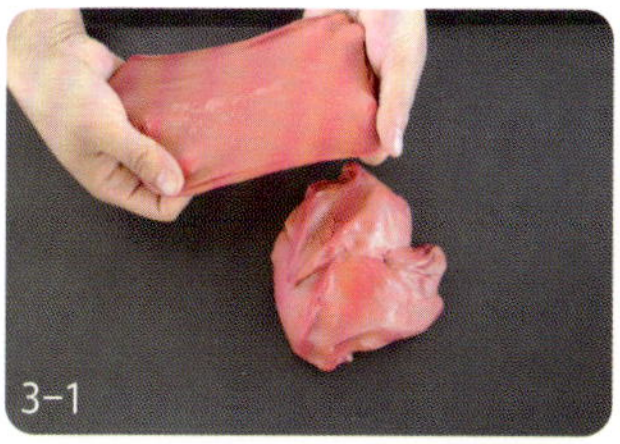
3-1

3-2

③ 搅拌至面团完全扩展，可拉出薄膜，断面平滑、无锯齿。

2 分割、预成形

① 将面团分割成每个35克。

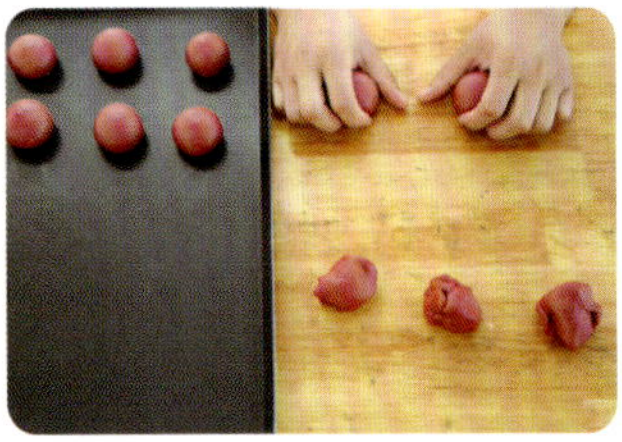

② 揉圆。

③ 套烤盘袋，冷藏备用。

配方

主面团

原料名称	重量（克）	烘焙百分比
高筋粉	1000	100%
法国老面	300	30%
烫种	100	10%
砂糖	100	10%
蜂蜜	30	3%
麦嘉南瓜粉	60	6%
盐	12	1.2%
黄油	40	4%
鲜酵母	30	3%
水	500	50%
酵冠酵素液	150	15%
总重	2322	232.2%

装饰用

牛奶　适量

制作流程

1 面团搅拌

① 将所有原料倒入打面机中搅拌。

② 搅拌至面筋完全扩展，可拉出薄膜，断口处成平滑、无锯齿。

2 基础发酵

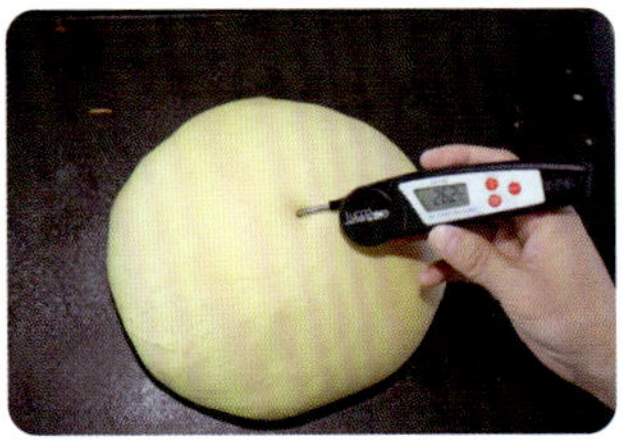

① 搅拌后面团温度为26~28℃。

3 分割、预成形

② 放入醒发箱，温度28℃、湿度75%，松弛30分钟。

① 将面团分割成每个120克。

② 揉圆后，再次放入醒发箱松弛20分钟，备用。

4 成形

① 取出南红欧克皮，用手按扁后蘸手粉，擀成直径13厘米的圆形备用。

② 取出主面团（留少许装饰用），按压成四周薄中间厚的圆饼形。

③ 包入50克布朗尼核桃馅（见P159），底部捏紧成圆形。

④ 表面喷水，底部朝上放在已擀好的南红欧克皮上。

⑤ 包成圆形。

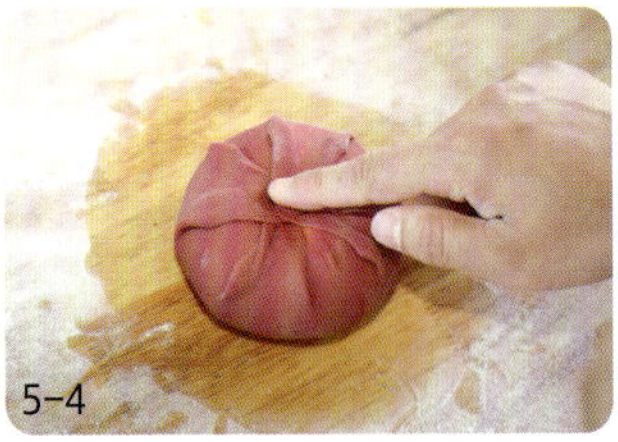

5 最后醒发

摆在烤盘上，放入醒发箱，温度30℃、湿度75%，醒发40分钟。

6 烤前装饰

① 醒发完成后，用刀对称将外皮划出南瓜状。

② 取2克南瓜面团，搓成5厘米的条，插入面团顶部。

7 烘烤

① 入炉烘烤，上火180℃，下火190℃，烘烤15分钟。

② 出炉后表面刷牛奶。

8 成品展示

心得分享

南红欧克皮包裹南瓜主面团时，要喷少许水，防止烘烤时两部分分离。

配方

布朗尼核桃馅

原料名称	重量（克）
布朗尼核桃蛋糕	300
淡奶油	100
奶粉	50
奶油芝士	50

制作流程

① 将所有原料倒入搅拌机中。

② 慢速3分钟，搅拌均匀即可。

金枪鱼的幻想

一款金枪鱼馅料十足的软欧面包，更适合年轻消费者市场。低油低糖，面团中添加了少许黑芝麻粉，为整款产品增添了一点独有的芳香味道。

配方

主面团

原料名称	重量（克）	烘焙百分比
顶焙良品精制面包粉	500	100%
海藻糖	60	6%
砂糖	60	6%
盐	6	1.2%
葡萄种	100	20%
烫种	50	10%
黄油	30	6%
水	350	70%
黑芝麻粉	25	5%
鲜酵母	12	2.5%
总重	1193	226.7%

其他

芝士片、面粉　适量

制作流程

1 面团搅拌

❶ 将除黄油外的所有原料倒入搅拌机中。

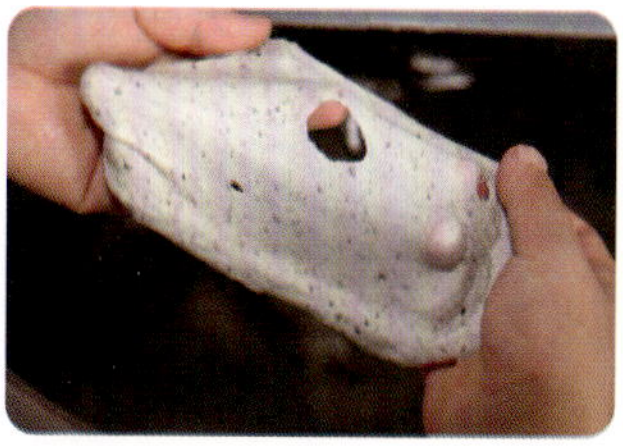

❷ 搅拌至面团光滑，厚膜，断口处呈锯齿状。

❸ 加入黄油慢速1分钟，快速2分钟搅拌。

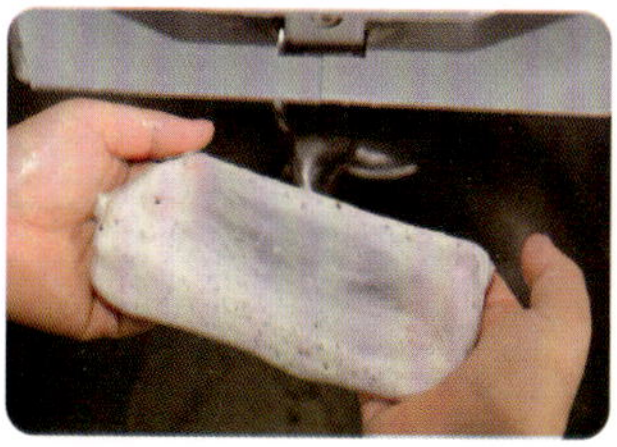

❹ 搅拌至完全扩展阶段。

2 基础发酵

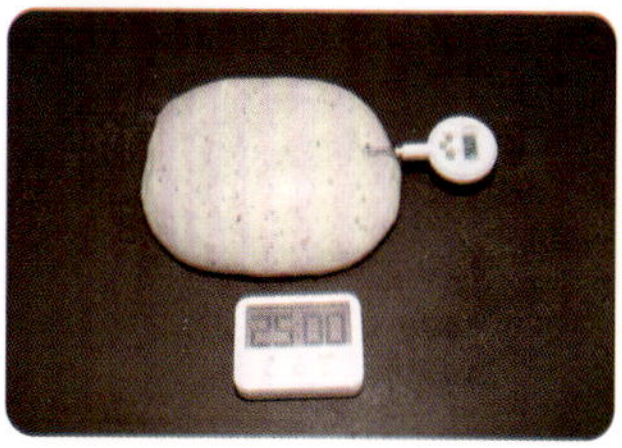

❶ 面团出缸温度27.5℃，室温28℃环境下基础发酵25分钟。

❷ 面团发酵至原体积1.5倍大小。

3 分割、预成形、中间松弛

2-1

2-2

① 分割成每个120克。

② 揉圆，室温松弛20分钟。

4 成形

① 将发酵好的面团排气，翻面。

② 放上1片芝士片。

③ 铺上150克金枪鱼馅（见P164）。

4-1

4-2

4-3

④ 叠成正方形。摆盘。

4-4

4-5

4-6

5 最后发酵

将成形好的面包放入发酵箱，温度30℃，湿度75%，醒发35分钟。

6 烤前装饰

❶ 将发酵好的面团顶部放上1片芝士片，与面团对角错开。

❷ 筛面粉装饰即可。

7 烘烤

将装饰好的面团放入烤箱，上火195℃，下火200℃。喷蒸气，烘烤13分钟。

8 成品展示

心得分享

1. 面团中添加海藻糖能够有效起到保湿、延缓面团老化的作用。
2. 金枪鱼馅料调制完成后需冷藏储存，两天内用完。

配方

金枪鱼馅

原料名称	重量（克）
熟鸡蛋	300
金枪鱼	400
砂糖	5
盐	5
黑胡椒	3
黄芥末	20
沙拉酱	30
玉米粒	80
洋葱粒	80

制作流程

1 将熟鸡蛋捣碎。

2 将剩余原料加入其中，搅拌均匀即可。

榴莲爸爸

此款软欧面包包入了大量榴莲馅，榴莲馅利用蒸煮的方式制作，尽量少添加其他材料，主要依靠淀粉糊化作用进行硬化，保留榴莲本身更纯的味道。这款榴莲面包是市场上畅销的产品。

配方

主面团

原料名称	重量（克）	烘焙百分比
顶焙良品日式面包粉	500	50%
顶焙良品精制面包粉	500	50%
麦嘉榴莲粉	30	3%
砂糖	120	12%
干酵母	12	1.2%
葡萄种	200	20%
烫种	100	10%
水	700	70%
盐	12	1.2%
黄油	50	5%
总重	2224	222.4%

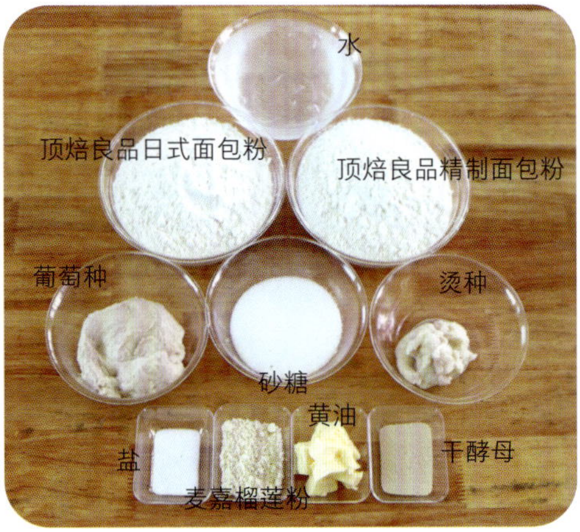

装饰用

酥粒　适量

制作流程

1 面团搅拌

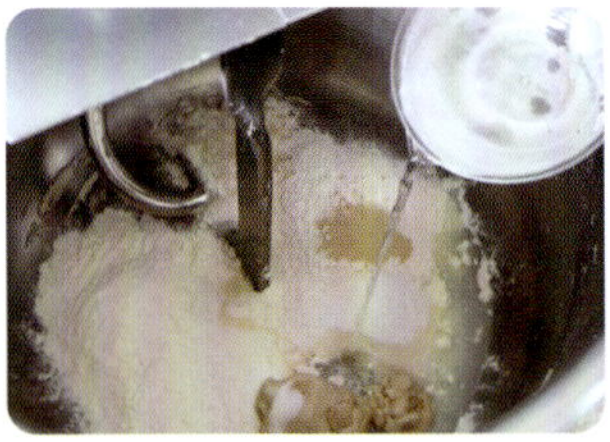

① 将除黄油外的所有材料一起放入缸中搅拌。

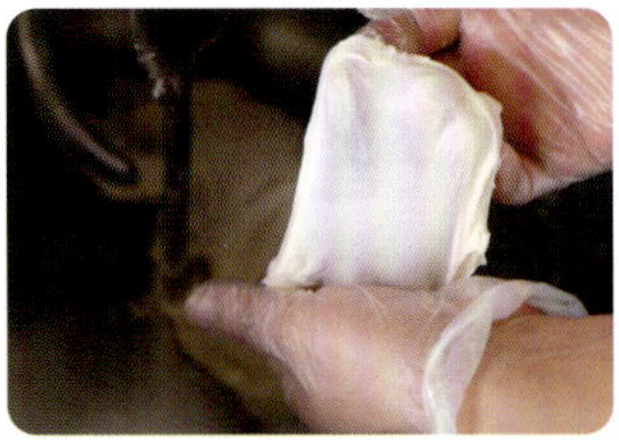

② 慢速拌匀至无干粉后快速搅拌至面筋扩展阶段。

③ 加入黄油继续搅拌均匀。

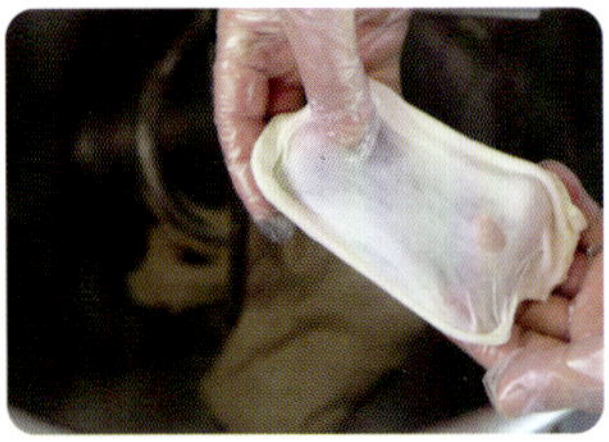

④ 搅拌至完全扩展，可拉出薄膜，无锯齿状即可出缸。

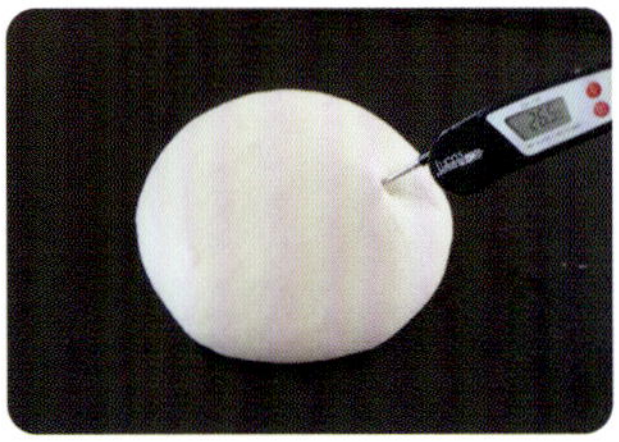

⑤ 面团出缸温度：26~28℃。

2 基础发酵

❶ 将搅拌好的面团放入醒发箱中发酵，发酵温度28～32℃，时间50分钟左右。

❷ 发酵至原体积的1.5～2倍大小。

3 分割、预成形

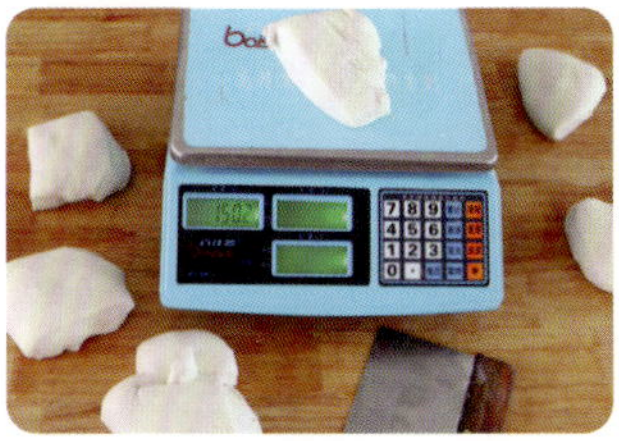

❶ 将基础发酵好的面团进行分割，重量为每个150克。

❷ 滚圆。

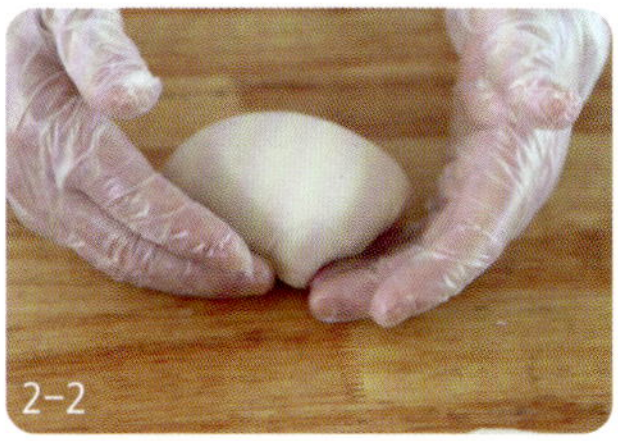

4 中间松弛

将预成形好的面团放入发酵箱中松弛，温度26℃，湿度80%，时间约30分钟。

5 成形

① 将松弛好的面团取出，擀成圆形。

② 包入75克榴莲馅（见P170），做成橄榄形。

③ 喷水，裹上酥粒（见P62）。

6 最后发酵

❶ 将成形好的面团放入发酵箱中发酵，温度32℃，湿度80%，时间50分钟左右。

❷ 发酵至原体积的2～2.5倍大小。

7 烤前装饰

❶ 将发酵好的面团进行装饰，筛上面粉。

❷ 用剪刀剪出榴莲刺。

8 烘烤

将装饰好的面团进行烘烤：上火200℃，下火180℃，喷蒸气3秒，烘烤时间约10分钟左右。

9 成品展示

心得分享

面团因柔性材料较少，搅拌一定要到位。如果搅拌不足，包馅之后的接口处容易爆裂。制作馅料的榴莲肉一定要选择熟透、甜度高的，这样产品口感才会更好。

配方

榴莲馅

原料名称	重量（克）
榴莲肉	250
淡奶油	125
玉米淀粉	18

制作流程

① 将榴莲肉、淡奶油拌匀后加入玉米淀粉拌匀。

② 用保鲜膜密封，用蒸锅蒸熟。

③ 装入裱花袋，冷藏备用。

扫码观看
操作视频

韦德之恋

此款产品是作者在2014年偶然间突发奇想制作出来的。采用纯手工折叠法成形制作，突破了心形模具的束缚，玫瑰面团配上玫瑰香芝心红豆馅，烘烤时筛上代表爱情的图案。为心爱的人手工制作此款面包，不仅能享受到爱的味道，还能体现满满的真诚。

配方

主面团

原料名称	重量（克）	烘焙百分比
顶焙良品精制面包粉	1000	100%
法国老面	200	20%
烫种	150	15%
炼乳	50	5%
蜂蜜	40	4%
砂糖	80	8%
黄油	40	4%
盐	15	1.5%
糖渍玫瑰馅	80	8%
鲜酵母	30	3%
淡奶油	200	20%
水	400	40%
总重	2285	228.5%

装饰

面粉　适量

制作流程

1 面团搅拌

① 将所有原料倒入和面机中。

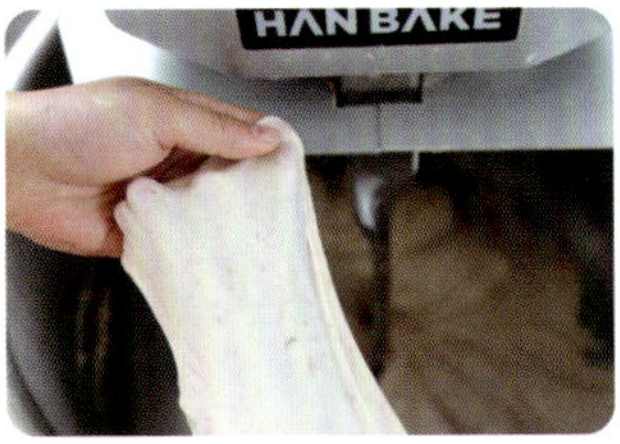

② 慢速2分钟、快速5分钟搅拌至面团完全扩展，可拉出薄膜，断面平滑、无锯齿。

③ 面团温度27℃左右。

2 基础发酵

① 将搅拌好的面团放入醒发箱发酵，温度30℃，湿度75%，时间约20分钟。

② 发酵至原体积的1.5倍左右大小。

3 分割、预成形

① 将面团分割成每个150克。

② 揉圆。

4 中间松弛

放入醒发箱，温度30℃，湿度75%，时间30分钟。

5 成形

① 将松弛好的面团排气。

② 擀成直径22厘米的圆饼。

③ 折叠。

④ 挤上25克玫瑰香芝心红豆馅（见P176）。

⑤ 整形成心形。

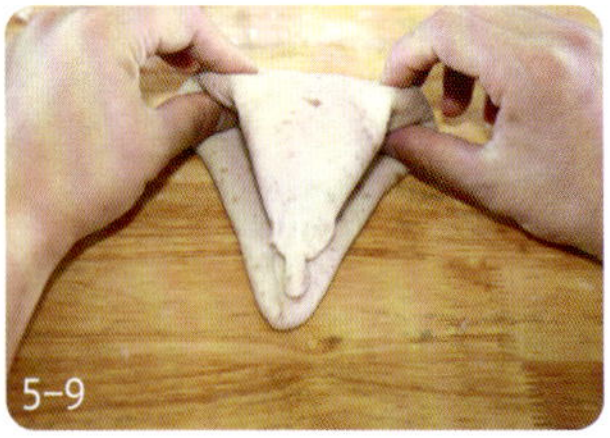

6 最后发酵

放入醒发箱发酵，温度30℃，湿度75%，时间约40分钟。

7 装饰及烘烤

① 盖上筛粉模板，筛上面粉。

② 做出图案。

③ 入炉烘烤，上火200℃，下火180℃，烘烤约15分钟后出炉。

8 成品展示

心得分享

此款面包折叠方法比较特殊，需要细心阅读操作方法并多加练习，成形完毕后用手轻轻按压至中间厚四边薄，摆烤盘时再次调整面包至心形。

配方

玫瑰香芝心红豆馅

原料名称	重量（克）
奶油芝士	300
京日红豆	120
玫瑰花馅	60

制作流程

① 将奶油芝士和红豆搅拌均匀。

② 加入玫瑰花馅拌匀即可。

CHAPTER 6

欧法面包类

本书中使用的烘焙器具卢卡斯（ILucas）是专业设计和定制欧法式面包器具的品牌，是世界面包大赛等多个面包比赛指定烘焙器具赞助商。不断为烘焙爱好者创制更好的器具。

发酵布

特点：100%纯棉，加厚材质，透气、保湿。可防干、防粘、定形。

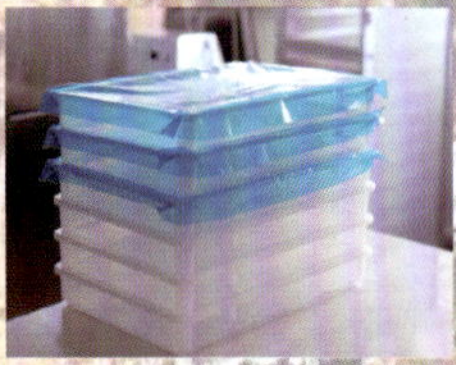

发酵箱

特点：食品级材质，可入醒发箱、台车，可叠放。可用于发酵、储存、运输。

转移板

特点：欧洲进口榉木、整木无拼接，手工打磨，不开裂、不易变形，带刻度功能。

发酵板

特点：环保实木多层板，密度高、不易变形，结实耐用。

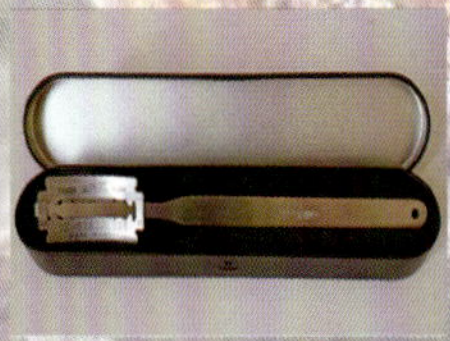

割包刀

特点：304不锈钢刀柄、超薄锋利刀片，带精致收纳盒。

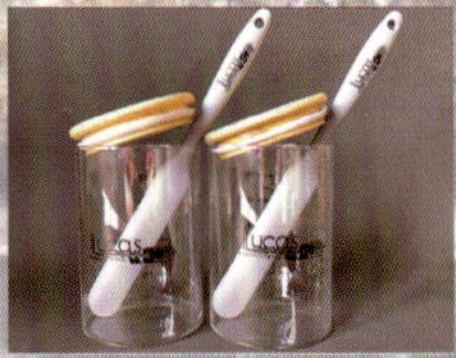

发酵罐

特点：三种尺寸，可用于培养鲁邦种、水果种。

碱水面包

碱水面包是德国面包的经典代表，在德国家喻户晓。在我国被称为德国碱水面包、德国啤酒面包、扭结面包、椒盐脆饼、德国结、普雷结等。经常食用，可以有效调节人体酸碱平衡。

配方

主面团

原料名称	重量（克）	烘焙百分比
顶焙良品欧式面包专用粉	1000	100%
法国老面	200	20%
鲜酵母	25	2.5%
盐	15	1.5%
黄油	40	4%
水	530	53%
总重	1810	181%

装饰用

烘焙盐　适量

制作流程

1 面团搅拌

① 将所有原料一起放入缸中。

② 慢速搅拌3分钟，再快速搅拌4分钟至面团表面光滑，断口处呈锯齿状。

③ 面温20℃左右。

2 分割、预成形、中间松弛

① 将面团分割成每个80克。

2-1

2-2

② 卷成中间粗、两头细的形状，常温松弛5分钟。

3 成形

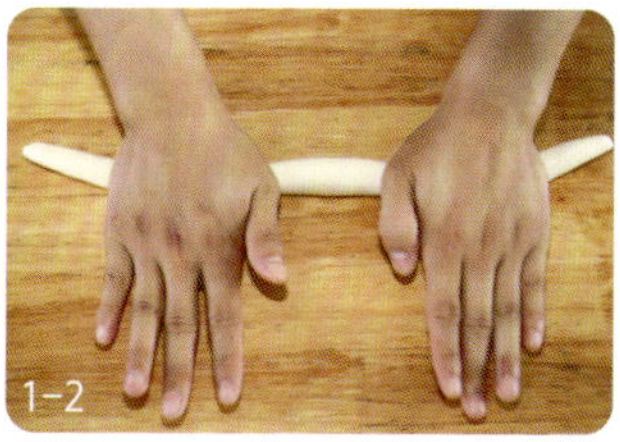

❶ 搓成中间粗、两头细的长条。

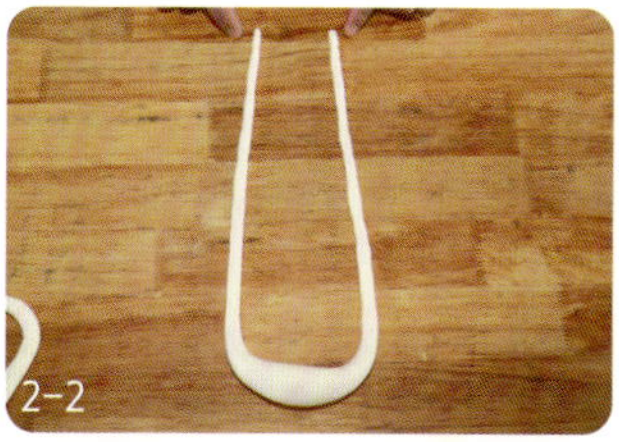

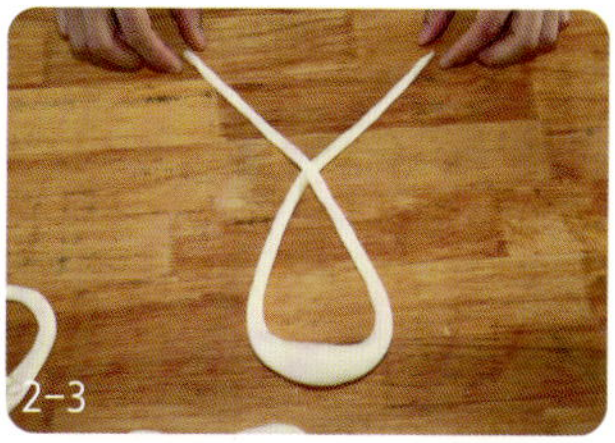

❷ 交叉进行成形。

4 最后发酵、烤前装饰

❶ 室温裸发，温度30℃，时间约30分钟。

❷ 放入冰箱冷冻20分钟。

❸ 放入碱水（见P182）中浸泡15秒。

5 烘烤

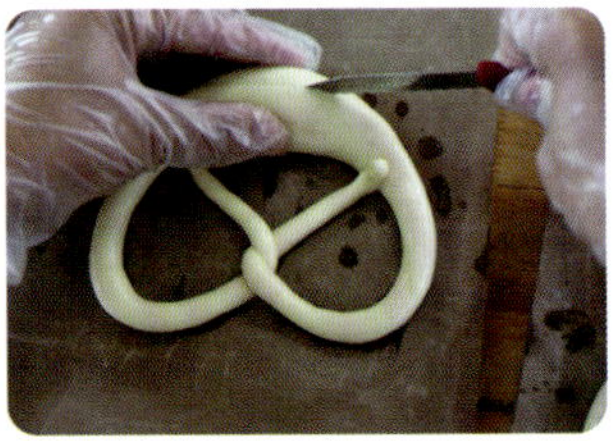

❹ 划口。

❺ 撒烘焙盐装饰。

入炉烘烤，上火210℃，下火190℃，烘烤时间约16分钟。

6 成品展示

心得分享

成形前确保面包不要发酵太久，这样表面会更光滑；入冰箱冷冻前一定要确保表面干燥、无水气，这样烘烤后表面才会棕红发亮。

配方

碱水

原料名称	重量（克）
水	1000
烘焙碱	40

制作流程

将烘焙碱倒入水中，搅拌至完全溶化，备用。

芝心红豆碱水球

此款面包属于碱水面包（见P179）的延伸品，既保留了碱水面包的风味，又加入了丰富的馅料，深受亚洲消费者喜爱。

配方

*主面团配方参照碱水面包（见P180）。

馅料用

京日红豆　10克
奶油芝士　20克

装饰用

乌苏里拉芝士丝　适量

制作流程

*面团搅拌过程参照碱水面包（见P180）。

1 分割、预成形、中间松弛

① 将面团分割成每个80克。

② 揉圆。

③ 表面盖保鲜膜，常温松弛15分钟。

2 成形

❶ 擀开。

❷ 包入京日红豆、奶油芝士。

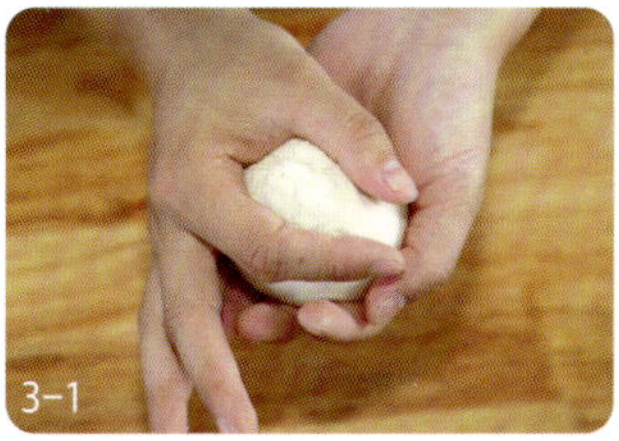

❸ 收口呈圆形。

3 最后发酵、烤前装饰

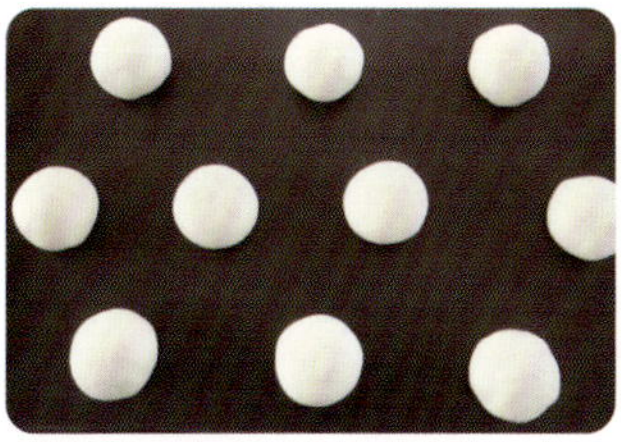

❶ 室温裸发，温度30℃，时间约30分钟。

❷ 放入冰箱冷冻20分钟。

❸ 放入碱水中浸泡正面和底部各10秒。

❹ 剪口成六角形。

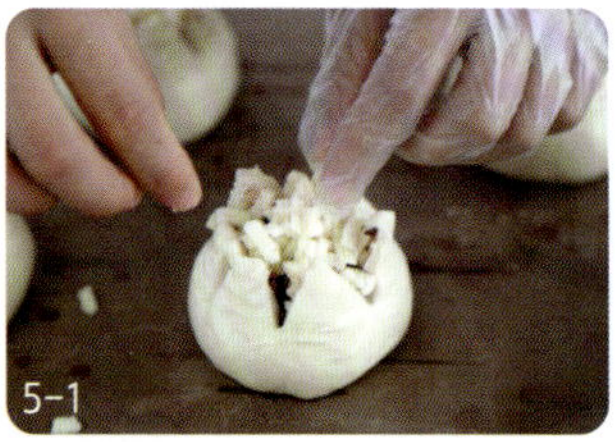

❺ 撒马苏里拉芝士丝装饰。

4 烘烤

入炉烘烤，上火210℃，下火190℃，烘烤约16分钟即可出炉。

5 成品展示

心得分享

包馅时底部一定要收紧，否则泡碱水时底部容易开裂；剪口注意要均匀一致，这样烤出来才会美观。

意式传统恰巴塔

扫码观看
操作视频

意大利传统恰巴塔面包是意大利的日常主食面包，可以搭配各种食材一起食用。使用传统工艺制作，成品轻盈、清脆、发酵风味突出，组织呈现不规则气孔，含水量高，制作难度高。

配方

酸种面

原料名称	重量（克）
鲁邦液种	100
W340面粉（意大利）	180
水	50

制作流程

① 将所有材料拌匀。

2-1

② 常温（22～24℃）发酵6～12小时，至原体积2.5倍大小。

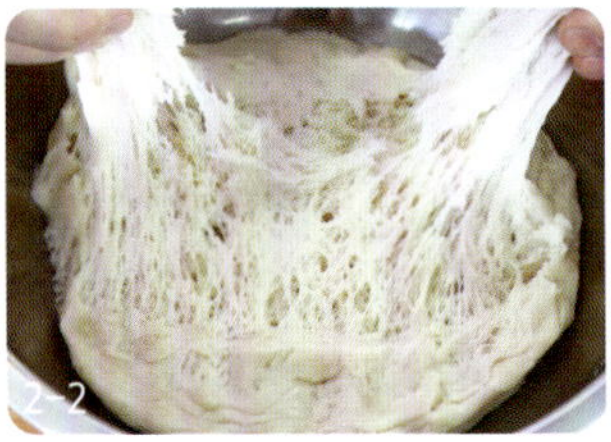
2-2

2-3

配方

中种

原料名称	重量（克）	烘焙百分比
W340面粉（意大利）	1000	50%
水	440	22%
鲜酵母	1.2	0.06%
酸种面	320	16%

制作流程

① 将所有材料一起慢速搅拌约4分钟，基本搅匀即可。

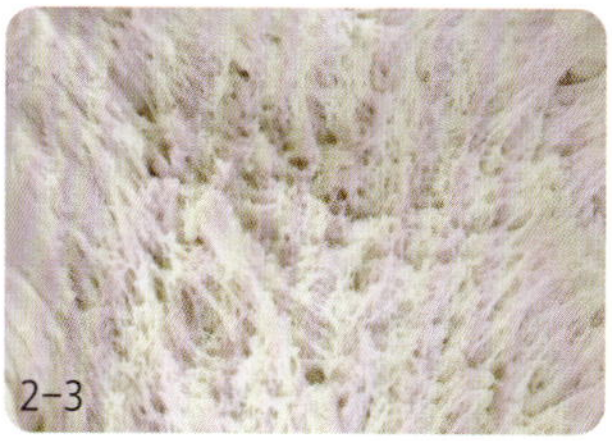

② 放置在16～18℃的环境中发酵12小时，至原体积的2.5～3倍大小。

配方

主面团

原料名称	重量（克）	烘焙百分比
中种	1760	>88%
W240面粉（意大利）	1000	50%
水	1200	60%
盐	40	2%
鲜酵母	10	0.5%
总重	4010	200.5%

其他

面粉　适量

制作流程

1 面团搅拌

❶ 将中种、面粉、鲜酵母、900克水搅拌成团。

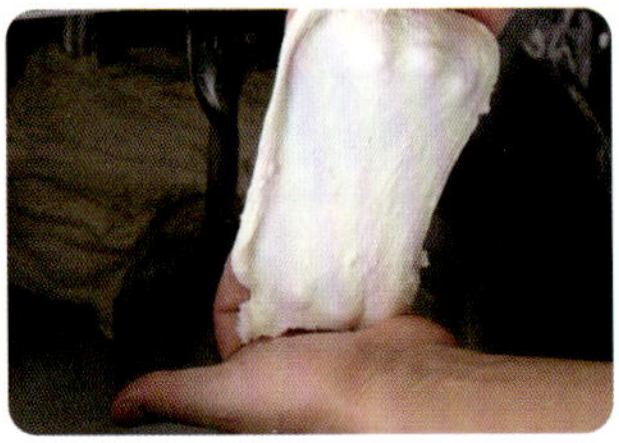

❷ 加盐后继续搅拌至约六成面筋。

❸ 再将余下的300克水分次加入。

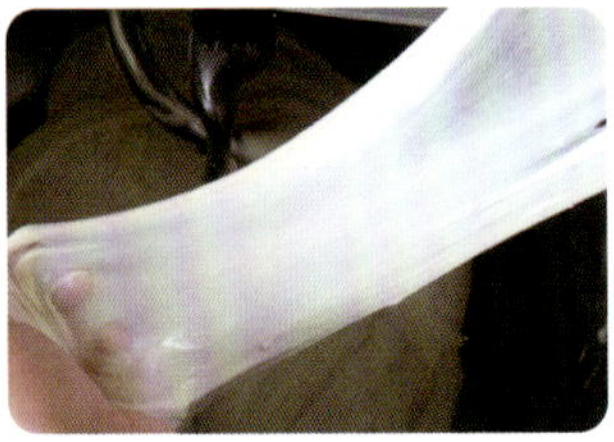

❹ 继续搅拌至面团完全扩展即可。

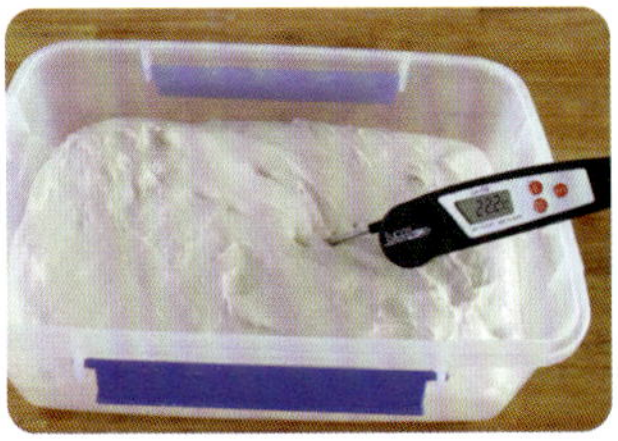

❺ 面团出缸温度：22～24℃。

2 基础发酵

❶ 将搅拌完成的面团放入刷好橄榄油的发酵盒子中（盒子要跟面团大小合适，不宜太大或太小）。

❷ 再放入发酵箱中发酵，温度30℃，湿度80%，时间60分钟，至原体积的1.3～1.5倍大小。

3 分割、成形

❶ 在发酵好的面团表面筛少许面粉。

❷ 用手指随意画出褶皱。

❸ 倒在发酵布上。

❹ 多撒一些手粉，压平。

❺ 切割出想要的大小。

❻ 整形成长方形。

❼ 放在撒了手粉的发酵布上成形。

4 最后发酵

❶ 将成形好的面团进行最后发酵，温度30℃，湿度80%，时间约40分钟。

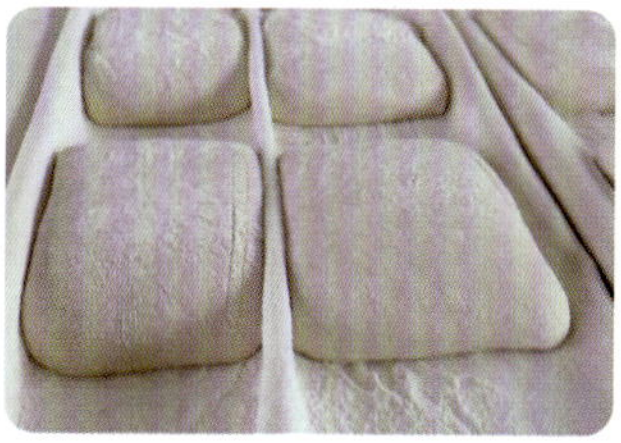

❷ 至原体积的1.5～2倍大小。

5 烘烤

1-1

1-2

1-3

❶ 将发酵好的面团转移到油纸上。

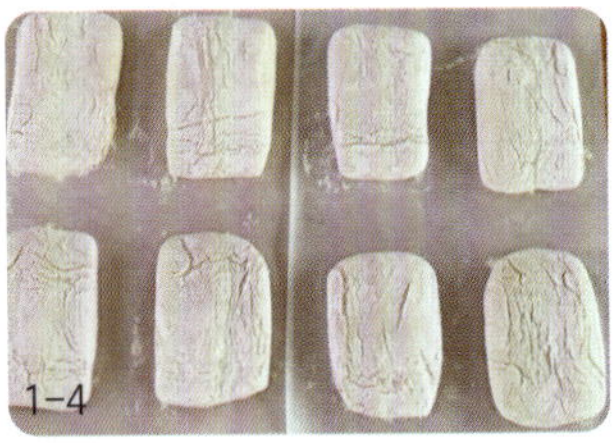
1-4

❷ 入烤箱进行烘烤，温度：上火260℃，下火230℃，喷蒸气3秒，烘烤15分钟。

❸ 降温至上火230，下火210℃，再继续烘烤至表皮硬脆感明显，烤制时间共约30分钟即可出炉。

6 成品展示

心得分享

1. 此款传统恰巴塔制作难点在于种面和主面团的发酵控制。种面的发酵温度、时间状态要控制好，发酵不足风味不够，发酵过度风味过酸，同时影响面筋的弹性，导致涨力与组织效果不好。主面团的发酵状态也一定要控制到位，如果发酵不足，成品比较扎实偏平；发酵过度，组织气孔粗糙、效果不佳。

2. 如果喜欢橄榄油的香气，希望成品柔软度更好，也可以在面团中添加橄榄油。

3. 如果买不到意大利的面粉，也可以使用国产面粉代替制作，W340用高筋粉代替，W240用低筋粉代替，外形组织都差别不大，轻盈感、风味、口感稍有差别。

脆皮贝果

法式脆皮贝果经过充分发酵，后期高温烘烤，冷却过程中热胀冷缩，原料会呈现出漂亮的龟裂感。面团中添加少许黄油，使这款产品区别于传统的法式面包，表皮酥脆，组织相对较柔软。这是一款更加适合国人口味的面包。

配方

主面团

原料名称	重量（克）	烘焙百分比
顶焙良品欧式面包专用粉	500	100%
麦芽精	2	4%
盐	10	2%
鲜酵母	12	2.5%
鲁邦种	100	20%
黄油	10	2%
冰水	350	70%
核桃碎	35	7%
总重	1019	207.5%

制作流程

1 面团搅拌

❶ 将除核桃碎外的所有原料倒入搅拌机中。

❷ 搅拌至扩展阶段，断口处光滑。

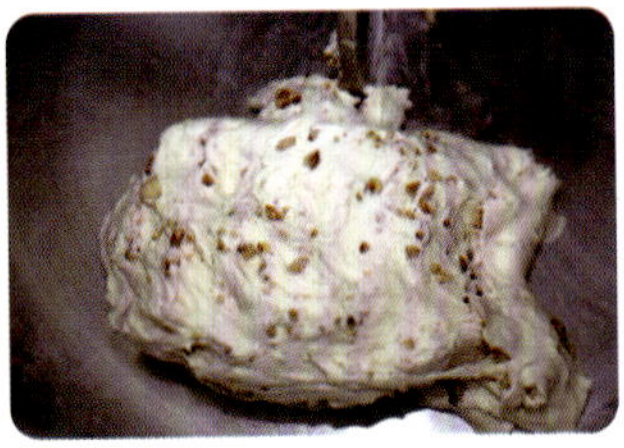

❸ 加入核桃碎搅拌均匀。

2 基础发酵

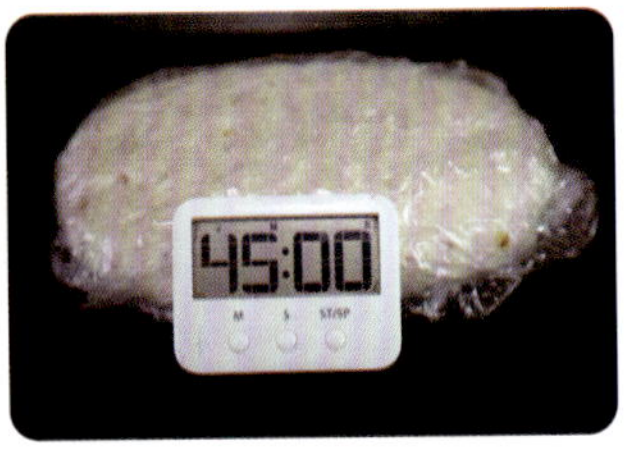

面团温度25.3℃，室温28℃环境下发酵45分钟。

3 分割、预成形、中间松弛

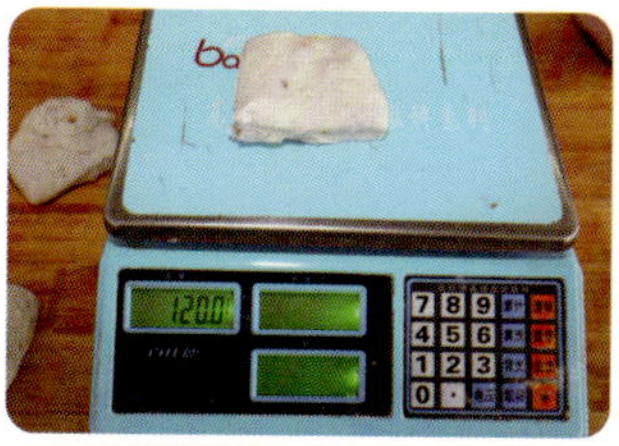

❶ 将发酵好的面团分割成每个120克。

❷ 排气。

❸ 预成形成圆柱形。

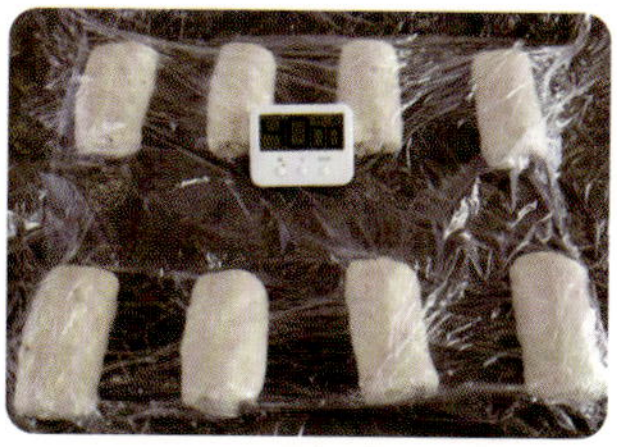

❹ 室温发酵40分钟。

4 成形

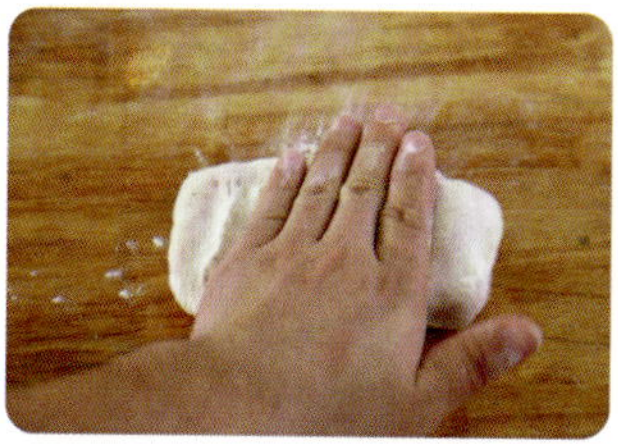

❶ 将发酵好的面团排气。

❷ 用法棍成形的手法将面团做成长18厘米。

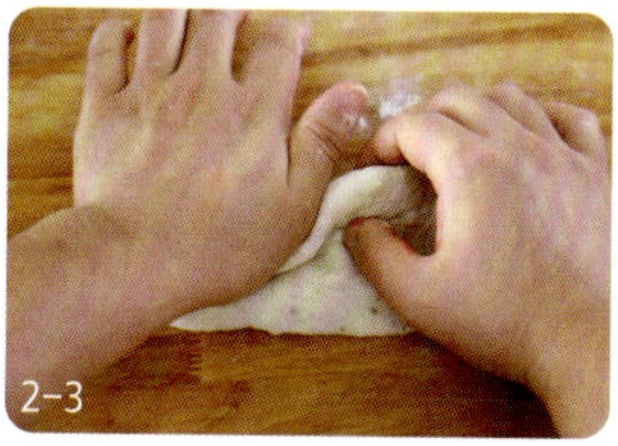

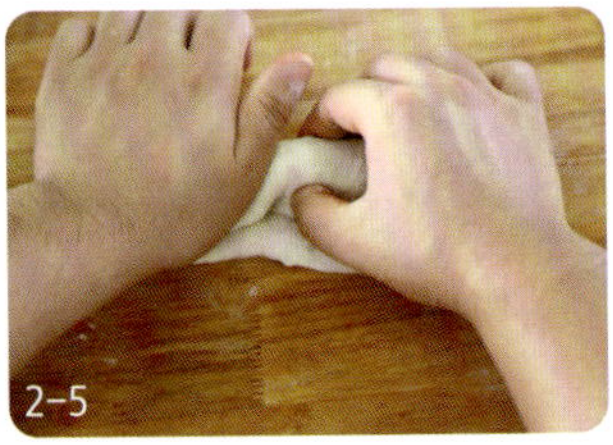

③ 从一端1厘米处擀开，包裹另一端，呈甜甜圈形状。

5 最后发酵

将成形好的面团放入发酵箱，温度32℃，湿度70%，发酵50分钟。

6 烘烤

将发酵好的面团放入烤箱，上火250℃，下火215℃，喷蒸气，烘烤15分钟即可。

7 成品展示

心得分享

1. 主面团基础发酵与二次发酵相对要充足。
2. 加入少许黄油能够让面筋扩展更充分。

佛卡夏

佛卡夏Focaccia这个词起源于拉丁语focus，意为“中央”或者“火炉”，因为以前火炉往往建在一个住宅的中央，佛卡夏面包就是在炉膛中烘烤而成的。

佛卡夏源于意大利的扁面包，历史悠久，相传可以追溯到意大利人的祖先伊特鲁里亚人。这款面包在意大利非常流行，通常在饼底撒上芝士、肉类或者各种时令新鲜蔬菜，流行的搭配有阿里根努黑橄榄、小番茄、斯拉米香肠、洋葱等时蔬，再使用初榨橄榄油、粗海盐和香草调味。高温烤制，口感外酥内软、色彩缤纷、营养丰富又散发着异国情调。在佛卡夏中随性地添人自己喜欢的食材，散发出独特的地方风味。就像意大利人的性格：热情、不受拘束。

配方

主面团

原料名称	重量（克）	烘焙百分比
顶焙良品欧式面包专用粉	1000	100%
液种	200	20%
鲁邦种	100	10%
鲜酵母	25	2.5%
干迷迭香	3	0. 3%
盐	20	12%
水	650	65%
后加水	200	20%
橄榄油	50	5%
总重	2248	224.8%

装饰用

圣女果、甜椒、香菜、香葱、洋葱、去核黑橄榄、橄榄油、烘焙盐　适量

制作流程

1 面团搅拌

❶ 将除后加水和橄榄油外的所有原料一起放入缸中。

❷ 慢速搅拌3分钟，快速搅拌4分钟至面团表面光滑，断口处呈锯齿状。

❸ 分次加入后加水。

❹ 搅拌至面筋完全扩展，可拉出薄膜。

⑤ 最后加入橄榄油搅拌均匀。

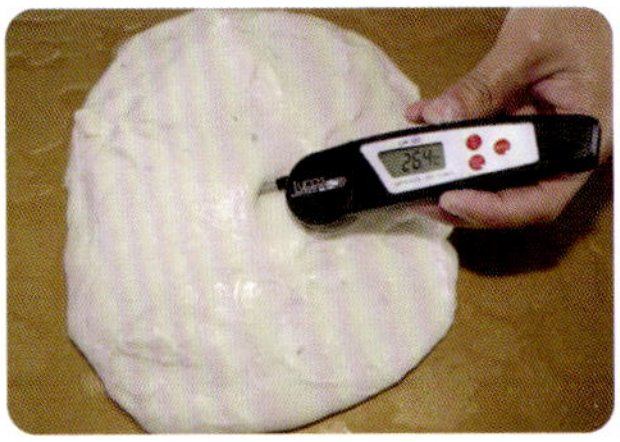

⑥ 面温26～28℃。

2 分割、预成形、中间松弛

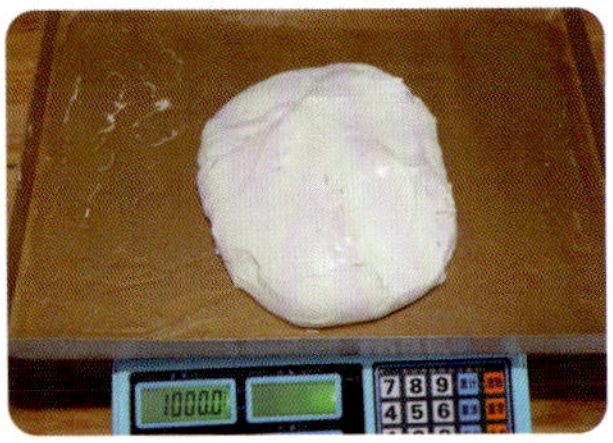

① 将面团分割成每块1000克。

② 放在烤盘一半大小的平盘中，洒橄榄油。

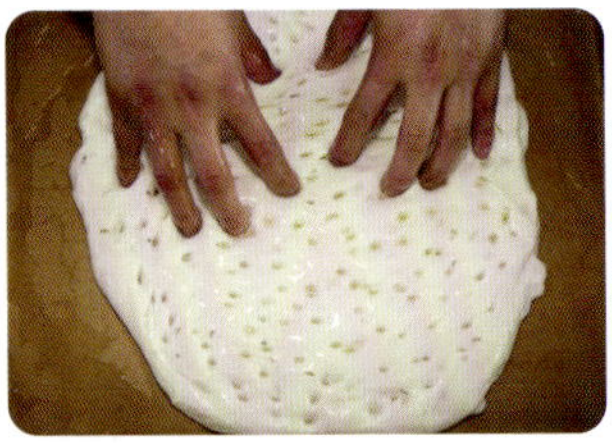

③ 用手指按压，平铺。

④ 室温28℃松弛30分钟，再次洒橄榄油，用手指按压。

3 最后发酵、烤前装饰

① 放入醒发箱，温度30℃，湿度75%，时间约60分钟。

② 用圣女果、彩椒、香菜、香葱、洋葱、去核黑橄榄等装饰成各种图案。

2-2

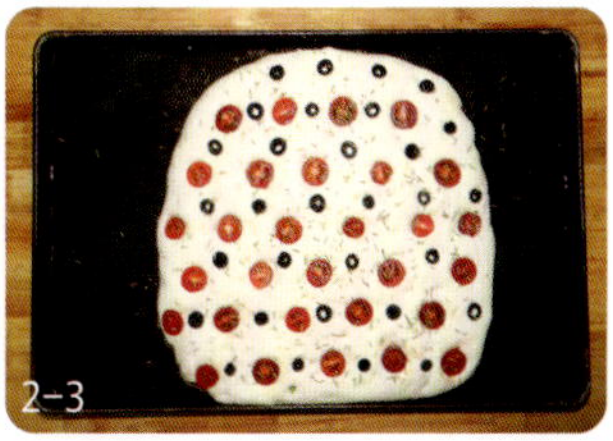
2-3

4 烘烤

❶ 入炉烘烤，上火210℃，下火190℃，烘烤时间约20分钟。

❷ 出炉后刷橄榄油、撒烘焙盐。

5 成品展示

心得分享

此款面包属于高水量面团，搅拌时注意控制面温并且分次加水，最后烘烤时注意不要随意打开炉门，避免塌陷、收缩。

芝士多谷物

一款市场上很流行的多谷物法式面团。谷物烘烤后经过同等重量的水长时间浸泡，搅拌到面团中，烤制后组织更加湿润，内馅添加了大量奶油芝士，为这款法式面团增添了不一样的口感和味道，更容易让喜欢吃软质面包的亚洲人接受。

配方

主面团

原料名称	重量（克）	烘焙百分比
T65面粉	1000	100%
水	650	65%
麦芽精	5	0.5%
鲜酵母	8	0.8%
鲁邦种	200	20%
盐	20	2%
后加水	80	8%
奇亚籽	75	7.5%
亚麻籽	75	7.5%
黑芝麻	75	7.5%
浸泡谷物水	225	22.5%
总重	2413	241.3%

制作流程

1 谷物处理

❶ 将三种谷物放入170℃的烤箱烘烤8～10分钟，烤熟。

❷ 取出冷凉，加入等量水浸泡，隔夜使用。

2 面团水解

❶ 将面粉、水、麦芽精倒入搅拌机中，搅拌成团。

❷ 冷藏30分钟。

3 面团搅拌

❶ 将水解好的面团、鲁邦种、鲜酵母倒入搅拌机中搅匀，加盐。

❷ 搅拌至扩展状态，可拉出薄膜，断口处光滑。

❸ 加入后加水，搅拌均匀。

❹ 最后加入泡水谷物，搅拌均匀。

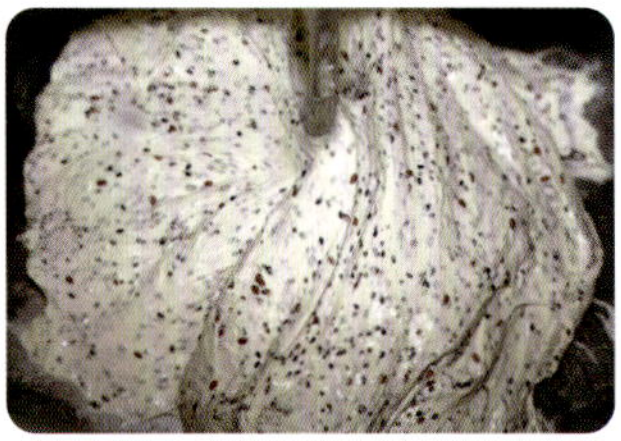

❺ 出缸。

4 基础发酵

❶ 面团温度23.4℃。基础发酵30分钟。

❷ 翻面（两个三折）。

❸ 3℃隔夜冷藏一晚。

5 分割、预成形

❶ 将隔夜面团取出，分割成每个重110克。

❷ 轻排气。

❸ 预成形成圆柱形。

❹ 回温至18～20℃。

6 成形

❶ 面团排气。

❷ 翻面，中间用手指轻轻按压。

❸ 挤芝士酱（见P207）30克。

❹ 上下两边捏在一起。

⑤ 放入发酵帆布。

7 最后发酵

将成形好的面团放入发酵箱，温度28℃，湿度70%，发酵45分钟。

8 烤前割刀、烘烤

❶ 将发酵好的面团用转移板转移到高温布上。

❷ 用割包刀横着划一刀。

❸ 放入烤炉，上火250℃，下火215℃，喷蒸气，烘烤16~18分钟。

9 成品展示

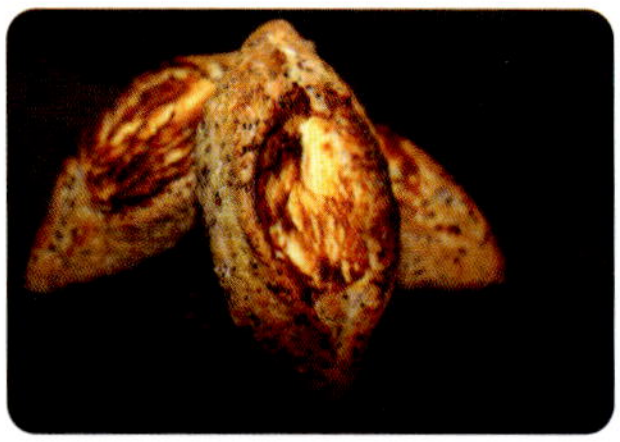

心得分享

1. 添加谷物要烤制后泡水使用，这样烘烤完成后，谷物不会过多吸收面包中的水分。

2. 面团成形时要在中间轻压一下，后期划口更容易让芝士馅呈现出来。

3. 奶油芝士要完全软化后再进行调制，这样会避免出现小颗粒。

配方

芝士酱

原料名称	重量（克）	烘焙百分比
奶油芝士	250	100%
糖粉	25	10%
蛋黄	25	10%

制作流程

1. 将糖粉、蛋黄倒入软化的奶油芝士中。
2. 搅拌均匀，装入裱花袋中备用即可。

法式多谷物

法式多谷物的面团中添加了大量的浸泡谷物，经过焙烤，谷物特有的香味与小麦香味结合，让这款产品的味道更上一层楼，口感极其湿润，弹性十足。

配方

*主面团配方参照芝士多谷物（见P203）。

制作流程

*谷物处理、面团水解、面团搅拌、基础发酵过程参照芝士多谷物（见P203~204）。

1 分割，预成形

❶ 将隔夜面团取出，分割成每块250克。

❷ 轻排气。

❸ 预成形成圆柱形。

❹ 回温至18~20℃。

2 成形

❶ 面团排气。

❷ 翻面，取底部向上折叠至1/3处。

❸ 顶部往中间折叠。

❹ 再次上下结合即可。

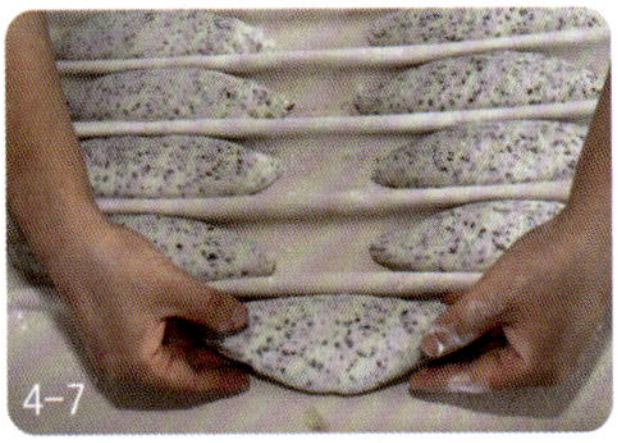

3 最后发酵

将成形好的面团放入发酵帆布中，放入醒发箱，温度28℃，湿度70%，发酵55分钟。

4 烤前割刀、烘烤

① 将发酵好的面团用转移板转移到高温布上。

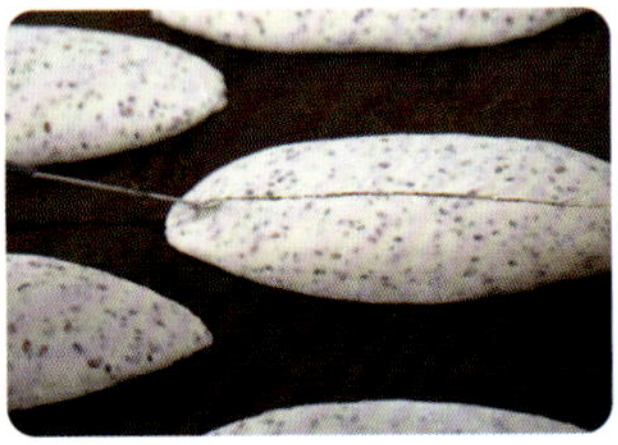

② 割包刀倾斜45°，横着划一刀。

③ 放入烤炉，上火250℃，下火215℃，喷蒸气，烘烤20～22分钟。

5 成品展示

心得分享

成形前不要过多排气，否则会导致最终发酵时间延长，影响组织气孔。

德国黑面包

黑麦面包起源于德国，个头大，口味微酸，内部组织扎实；因为其富含膳食纤维和矿物质，所以被认为是营养价值高的优质健康食品。这款面包不仅在欧洲引领风潮，更是席卷美国，现在这独特的美味已经来到了我们身边。

配方

黑麦啤酒种

原料名称	重量（克）	烘焙百分比
黑麦粉	300	30%
德国黑啤	300	30%
鲜酵母	5	0.5%

主面团

原料名称	重量（克）	烘焙百分比
顶焙良品精制面包粉	200	10%
黑麦粉	500	50%
麦芽精	5	0.5%
香芹籽	5	0.5%
盐	20	2%
鲜酵母	20	2%
温水	550	55%
总重	1905	190.5%

其他

黑麦粉　适量

制作流程

黑麦啤酒种

1 搅拌

❶ 将黑麦粉、德国黑啤、鲜酵母放入盆中。

❷ 搅拌均匀。

2 发酵

将黑麦啤酒种室温发酵3小时，冷藏隔夜后使用。

主面团

1 面团搅拌

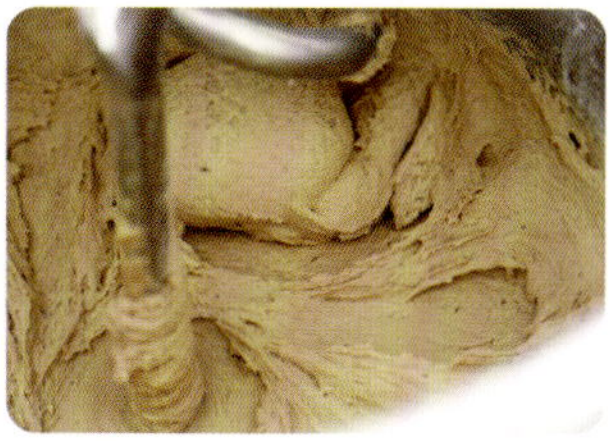

❶ 将黑麦啤酒种和主面团所有原料混合。

❷ 慢速搅拌7分钟，再快速搅拌1分钟即可。

2 基础发酵

❶ 烤盘上喷薄薄一层脱模油，手蘸水，将面团取出，放在烤盘上。

❷ 放入醒发箱发酵，温度30℃，湿度75%，时间30分钟。

3 分割、成形

❶ 操作台上撒黑麦粉，把发酵完成的黑麦面团轻轻倒在操作台上。

❷ 分割成每个1000克。

❸ 面团靠近烤盘的一侧当表面，轻轻折叠并团成圆形。

❹ 表面撒少许黑麦粉。

❺ 用大刮板轻铲底部，将面团放在铺有烘烤纸或高温布的烤盘上。

4 最后发酵、烘烤

❶ 在温暖干燥处裸发30分钟，直至表面开始出现龟裂。

❷ 入炉烘烤，上火230℃，下火220℃，时间约50分钟。

5 成品展示

心得分享

此款面包中黑麦粉含量达80%，操作方式与常规方法差异较大，需要注意搅拌完成后面温不要低于30℃；操作成形时手法一定要温柔，轻拿轻放，不要破坏表面自然纹理，以免影响龟裂效果。

考恩杂粮

这是一款典型的奥地利面包，内部组织扎实，有大量的黑麦粉和各种籽料，饱腹感强，富含膳食纤维，营养丰富、低脂健康。

配方

杂粮烫种

原料名称	重量（克）	烘焙百分比
顶焙良品全麦面包粉	200	20%
黑麦粉	200	20%
南瓜子	100	10%
葵花子	100	10%
亚麻籽	50	5%
奇亚籽	50	5%
黑芝麻	50	5%
白芝麻	50	5%
燕麦片	50	5%
开水	800	80%

主面团

原料名称	重量（克）	烘焙百分比
顶焙良品精制面包粉	300	10%
黑麦粉	300	30%
盐	20	2%
鲜酵母	30	3%
水	360	36%
总重	2660	246

制作流程

杂粮烫种

❶ 将所有原料一起放入缸中。

❷ 慢速搅拌3分钟，拌匀后冷藏备用。

主面团

1 面团搅拌

❶ 将杂粮烫种和主面团所有原料混合。

❷ 慢速搅拌15分钟，再快速搅拌1分钟即可。

2 分割、成形

2-1

❶ 手上蘸水，分割成每个550克。

❷ 在烤盘上洒少许水，按压面团后对折，卷起成圆柱形。

2-2

2-3

2-4

2-5

❸ 裹燕麦片。

❹ 放入250克模具中，约七分满。

3 最后发酵

❶ 放入醒发箱，温度30℃，湿度75%，时间约50分钟。

❷ 发酵至与模具上沿齐平。

4 烘烤

入炉烘烤，上火210℃，下火190℃，烘烤约45分钟即可出炉。

5 成品展示

心得分享

此款面包搅拌方式比较少见，几乎全是慢速搅拌；操作方式也很特别，无须基础发酵，直接蘸水后分割、成形。

俄罗斯大列巴

这是一款经典流行产品，经过改良的面团包裹大量蜂蜜果干，让这款产品的口感相对传统产品而言更加柔软。面包香味十足，内部果干湿润，近些年在国内市场很受消费者喜爱。

配方

主面团

原料名称	重量（克）	烘焙百分比
顶焙良品精制面包粉	700	70%
顶焙良品蛋糕专用粉	300	30%
海藻糖	60	5%
盐	10	1%
改良剂	10	1%
鲜酵母	30	3%
鸡蛋	90	9%
蛋黄	90	9%
牛奶	300	30%
甜老面	500	50%
黄油	150	15%
总重	2240	224%

装饰用

蛋黄液　适量

制作流程

1 面团搅拌

1-1

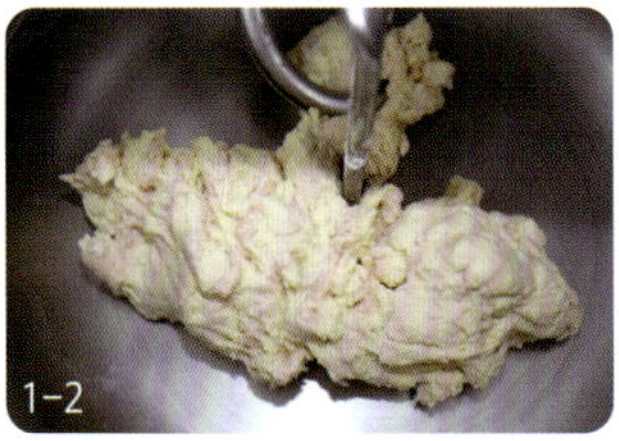
1-2

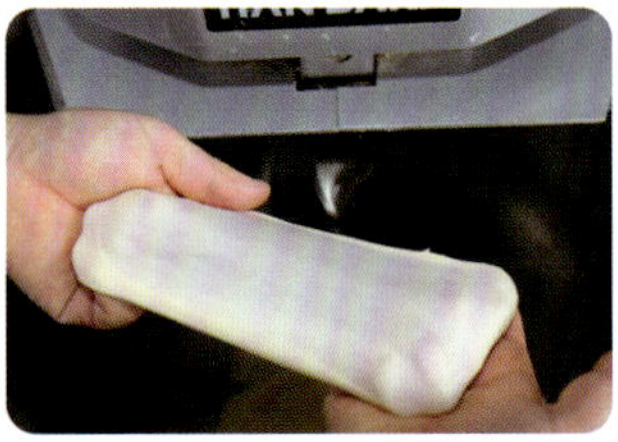

❶ 将所有原料倒入搅拌机中搅拌。

❷ 搅拌至接近完全扩展状态。

2 折叠

❶ 将搅拌完成的面团放入开酥机，冲压，三折一次。

❷ 折叠，反复六次。

3 分割、成形

❶ 将压好的面团分割成每块300克。

❷ 均匀擀开，宽20厘米，长33厘米。

❸ 铺满160克蜂蜜果干（见P225）。

❹ 从上到下用手压着卷起。

❺ 两端开口往中间整理。

4 最后发酵

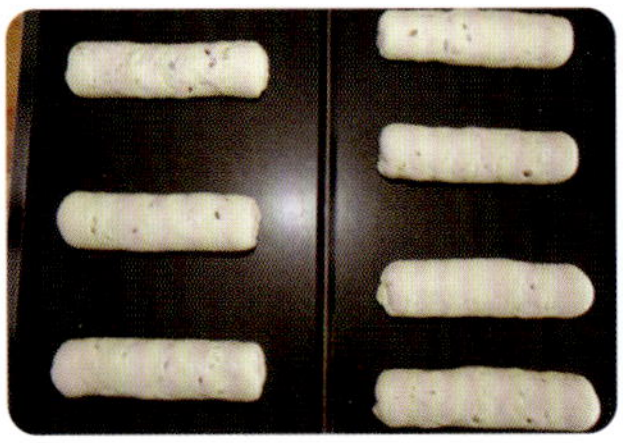

放入发酵箱，温度30℃，湿度75%，发酵原体积1.5倍大。

5 烤前装饰

❶ 将发酵好的面团取出，刷两遍蛋黄液。

❷ 割包刀倾斜45°，划三刀，开口。

6 最后烘烤

放入烤箱，上火160℃，下火165℃。烘烤25分钟即可。

7 成品展示

心得分享

1. 馅料中的提子干要最少提前两天浸泡。

2. 在进行成形时，手要压着卷起，避免面包内部有过多空气。

3. 刷第一遍蛋黄液后要晾3分钟，再刷下一遍蛋黄液。

配方

蜂蜜果干

原料名称	重量（克）
提子干	600
核桃仁	400
蜂蜜	80

制作流程

提子干清洗干净，用10%水和10%朗姆酒浸泡两天以上。核桃仁加入少许砂糖和4片柠檬片，放入水中，煮开2分钟，沥干后放入风炉，150℃烘烤25分钟。将提子干、核桃仁、蜂蜜搅拌均匀、备用。

裸麦红酒无花果

此款无花果面包是一款创意法式面包，使用红酒种来凸显发酵红酒的香气，加入黑麦粉、无花果与蜂蜜，使面包材料更加丰富，质地湿软，是一款很适合国内市场的法式面包。

扫码观看
操作视频

配方

主面团

原料名称	重量（克）	烘焙百分比
T55法式粉	600	60%
高筋粉	250	25%
T170黑麦粉	150	15%
水	650	65%
蜂蜜	50	5%
鲜酵母	18	1.8%
盐	20	2%
红酒种	400	40%
酒酿无花果	350	35%
核桃（烤熟）	150	15%
总重	2638	263.8%

装饰用

裸麦粉

制作流程

1 水解

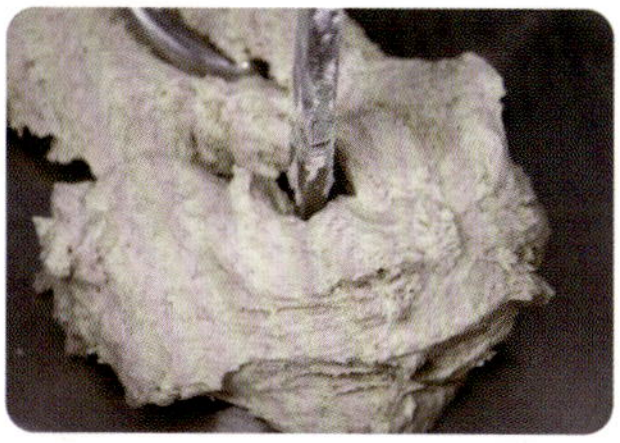

① 将T55法式粉、高筋粉、T170黑麦粉、水倒入搅拌缸中，搅拌至无干粉状态。

② 静置30～60分钟，至面团出现厚膜的状态。

2 搅拌（全程慢速）

① 将水解好的面团、红酒种、鲜酵母、蜂蜜一起慢速搅拌均匀。

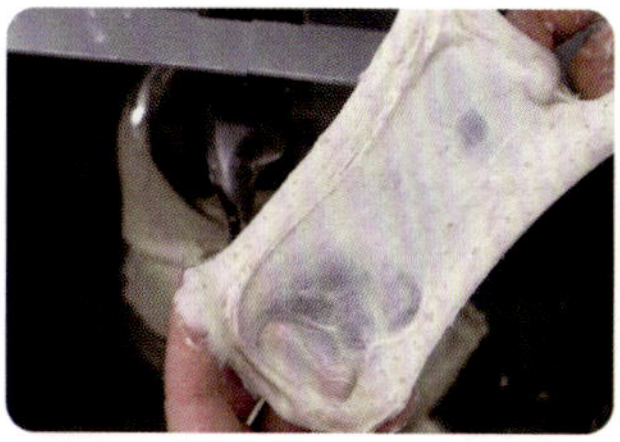

② 加入盐，搅拌至扩展阶段，可拉出有锯齿状的薄膜即可。

③ 加入酒酿无花果、核桃搅拌均匀。

④ 面团出缸温度：22～24℃。

3 基础发酵

2-1

❶ 将搅拌好的面团放入发酵箱中发酵，温度26℃，湿度80%，发酵时间45分钟。

❷ 翻面一次。

2-2

2-3

2-4

3-1

❸ 再发酵45分钟，至原体积的1.5倍大小。

3-2

3-3

4 分割、预成形

2-1

2-2

❶ 将基础发酵好的面团进行分割，每块400克左右。

❷ 收圆。

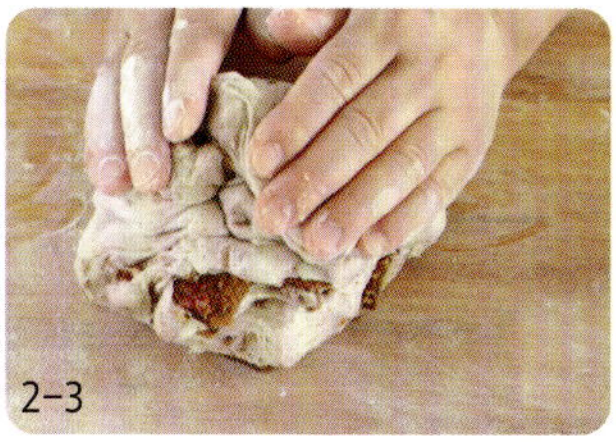

2-3

2-4

2-5

2-6

2-7

5 中间松弛

将预成形并收圆的面团放入发酵箱中，温度24℃，湿度80%，松弛约30分钟左右。

6 成形

❶ 将面团松弛至不紧绷，好成形的状态，开始进行成形。

❷ 排气。

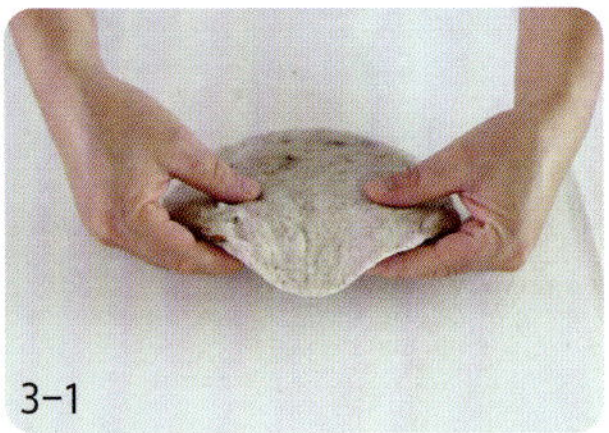
3-1

3-2

3-3

③ 收紧，做成无花果形状。

3-4

3-5

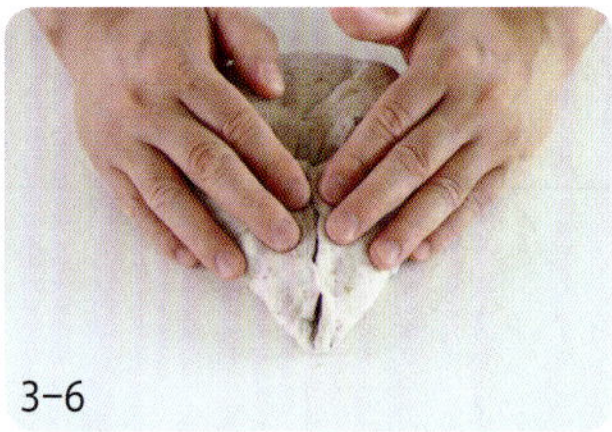
3-6

3-7

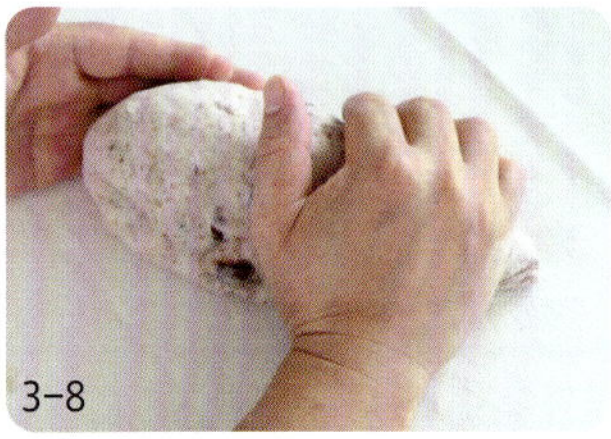
3-8

3-9

3-10

3-11

3-12

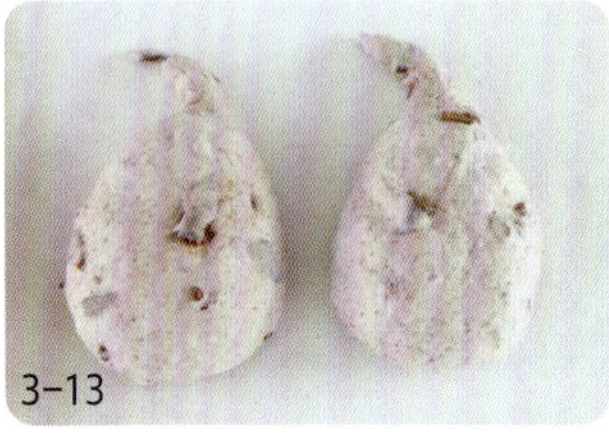
3-13

7 最后发酵

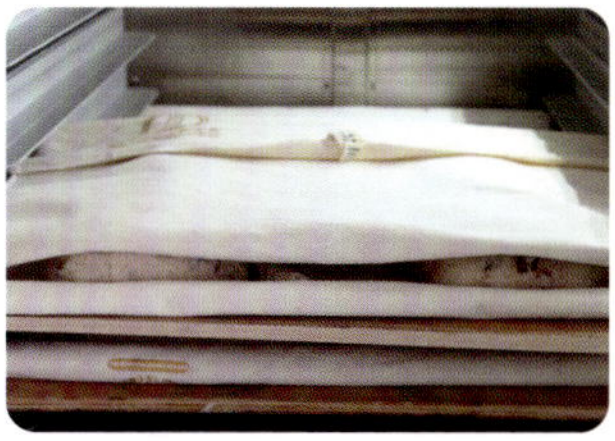

将成形完成的面团放在发酵布上，底部朝上进行发酵，温度26℃，湿度80%，时间40～60分钟。

8 烤前冷藏

注：冷藏的目的是为了更好地割刀以及入炉之后的膨胀力表现更好。

将发酵好的面团放入3℃的冰箱中冷藏30分钟。

9 烤前装饰

1-1

❶ 将面团转移到高温布上。

1-2

❷ 表面筛裸麦粉。

3-1

3-2

3-3

❸ 割刀口。

10 烘烤

将装饰好的面团进行烘烤，上火250℃，下火230℃，喷蒸气4秒，时间约25分钟。

11 成品展示

心得分享

裸麦红酒无花果这款面包在面团中添加了一定比例的黑麦粉以及较多的果干、坚果，搅拌的面筋不需要过度，面团搅拌完成会比较快，尽量慢速搅拌即可。

配方

酒酿无花果

原料名称	重量（克）
红酒	100
无花果干	300

制作流程

将红酒、无花果干（剪成小块）一起煮开，浸泡一夜即可使用。

扫码观看
操作视频

冠军法棍

法棍是法国最常见的日常主食面包，在各项面包大赛中也是必做的产品。这款法棍是作者在比赛时多次使用过的做法与配方，也多次获奖，如世界面包大赛中国区最佳日常面包奖、德国IBA面包师大赛最佳基本面包奖等。

配方

主面团

原料名称	重量（克）	烘焙百分比
伯爵T65面粉	1000	100%
水	640	64%
鲁邦液种	200	20%
法国老面	150	15%
鲜酵母	5	0.5%
盐	20	2%
后加水	60	6%
总重	2075	207.5%

制作流程

1 水解

① 将伯爵T65面粉和水倒入搅拌缸中。

② 慢速搅拌至无干粉状态。

③ 温度约15℃，静置60分钟。

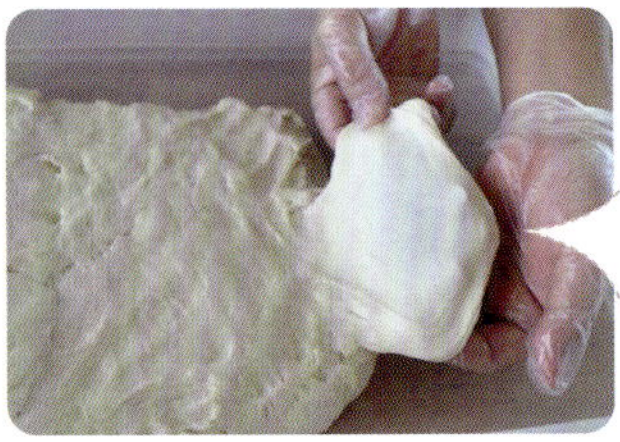

④ 至面团呈现厚膜的状态。

注：水解面团出缸温度需要根据室温来进行调节，如夏天室温在25℃以上，建议出缸温度在15℃左右。如果温度高，可以将面团放入冰箱冷藏水解，时间需要更长一些。

2 面团搅拌

❶ 将水解好的面团、鲁邦液种、法国老面、鲜酵母一起放入搅拌缸中慢速搅拌。

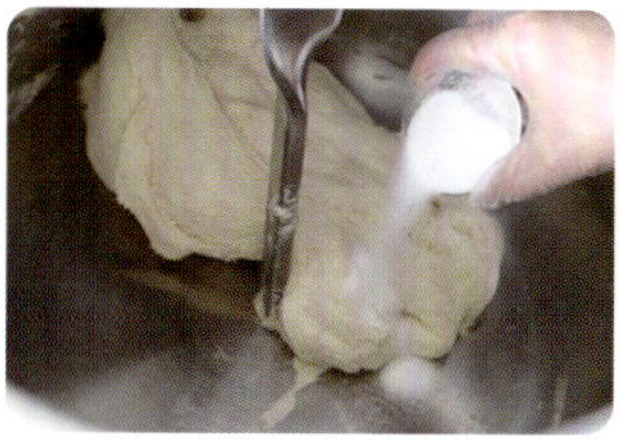

❷ 搅拌均匀后加盐。

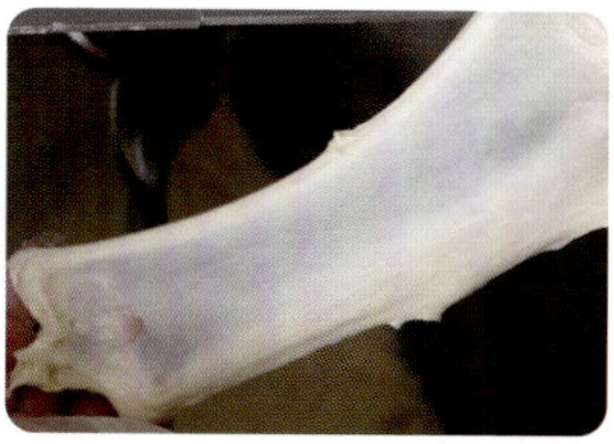

❸ 继续搅拌至面筋扩展阶段。

注：加入后加水前可以先测量面团温度，再决定加入什么温度的后加水，这样可以更好地控制面团出缸温度。

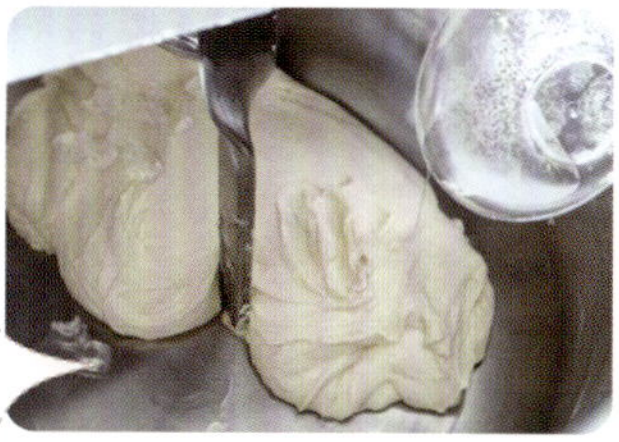

❹ 加入后加水。

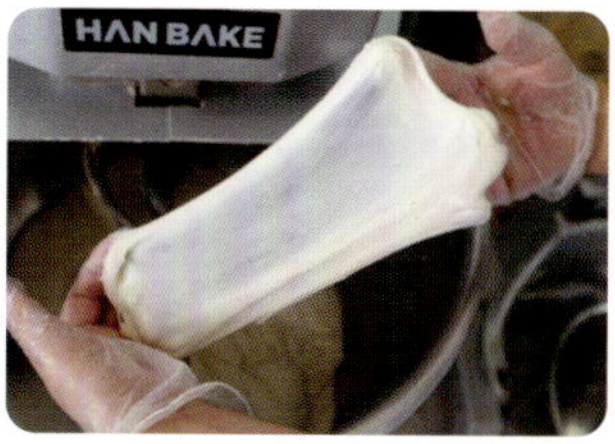

❺ 继续搅拌至完全扩展，可拉出薄膜的状态即可出缸。

❻ 面团出缸温度22～24℃。

3 基础发酵

❶ 将搅拌好的面团装在发酵盒中，放在温度25℃，湿度80%的发酵环境中发酵45分钟。

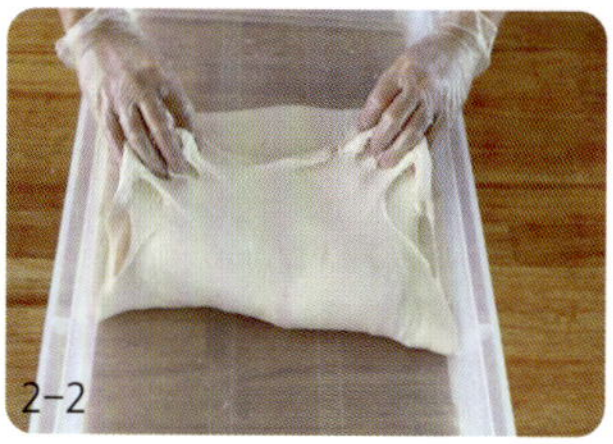

❷ 翻一次面，继续发酵约45分钟。

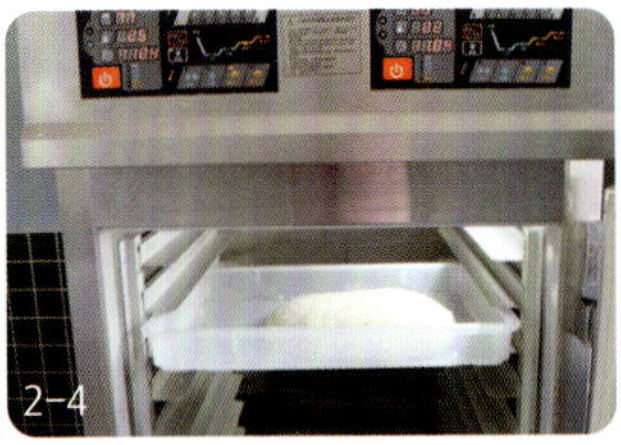

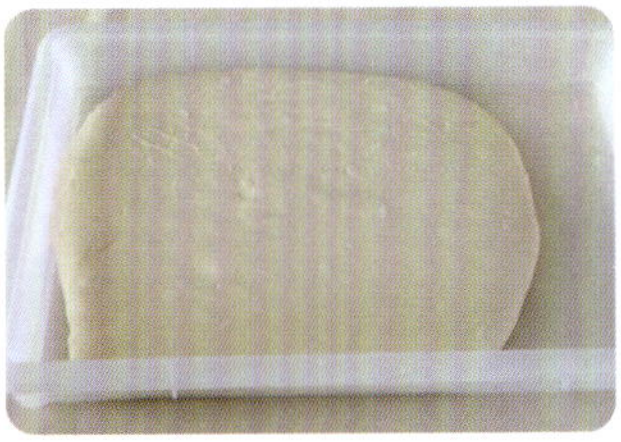

③ 至原体积的1.5倍大小。

4 分割、预成形

① 将面团平放在发酵布上。

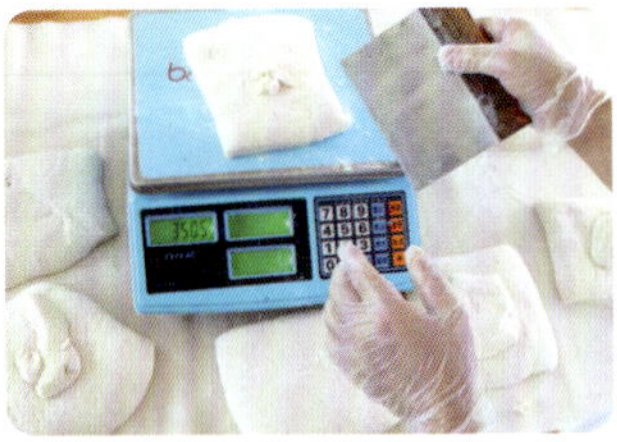

② 分割成方形，重量为每个350克。

③ 预成形成短橄榄形。

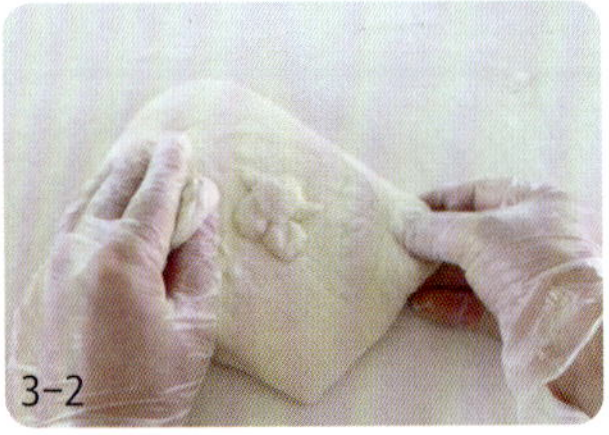

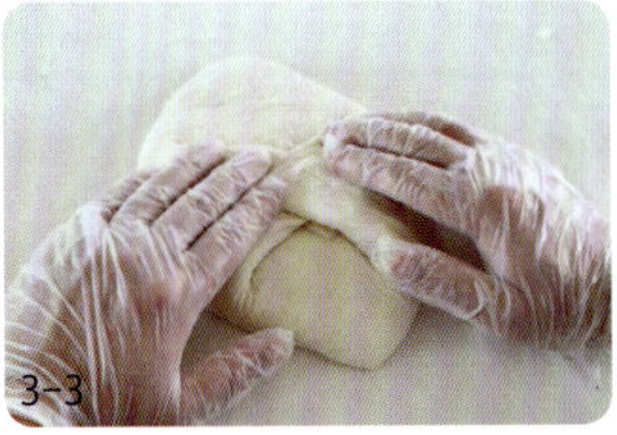

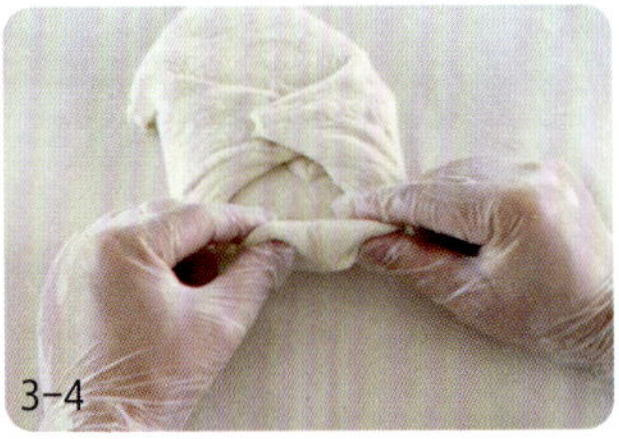

5 中间松弛

注：为了更好地成形，也可以冷藏松弛 30 ~ 60 分钟。

将预成形好的面团进行中间松弛，温度20~24℃，湿度75%，时间大约20分钟。

6 成形

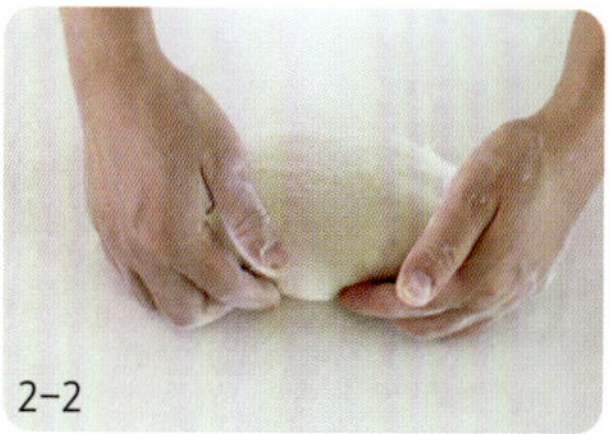

❶ 将面团松弛至不紧绷、好成形的状态，开始进行成形。

❷ 排气，排掉大气泡之后使用对折再对折的成形手法，将面团搓成约55厘米长的长棍型，形态紧实、均匀，接口粘连好，在一条直线上。

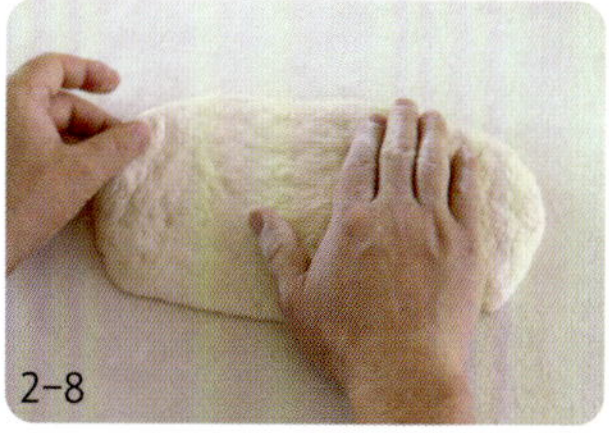

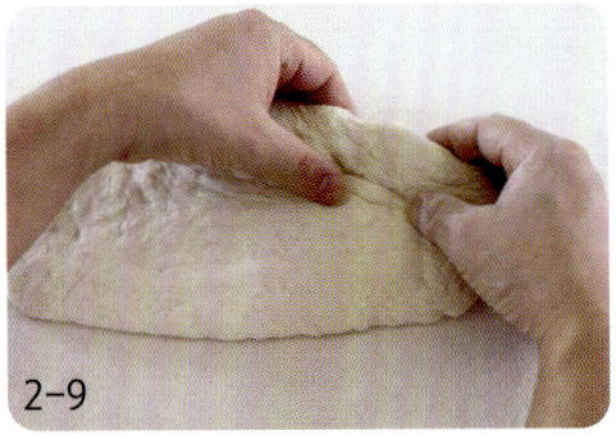

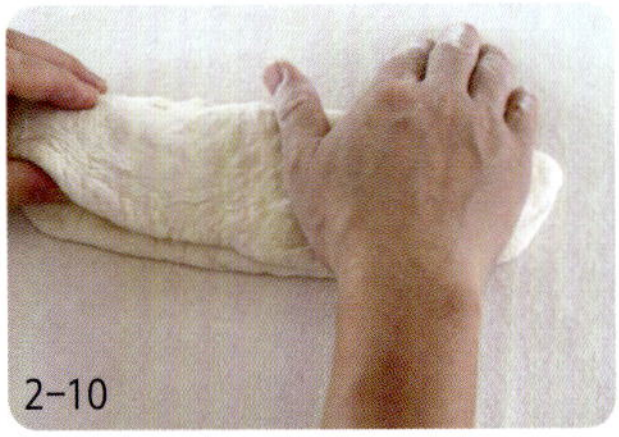

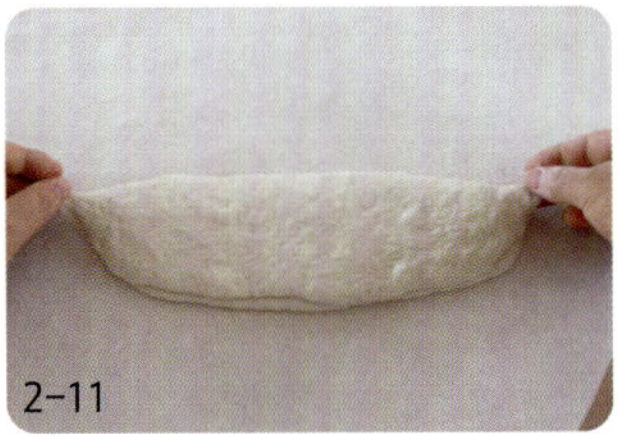

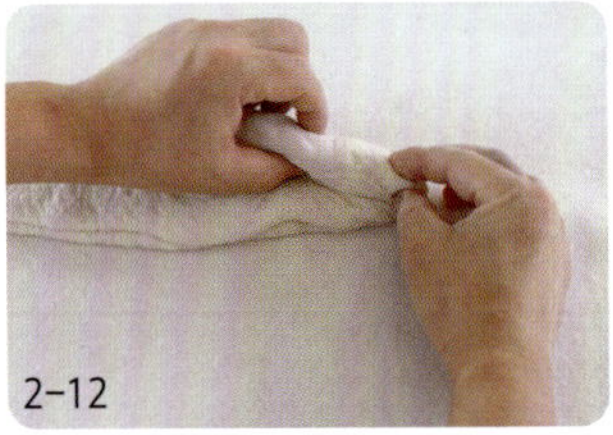

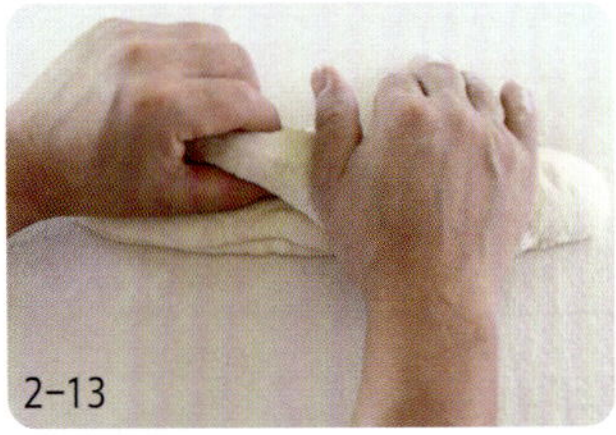

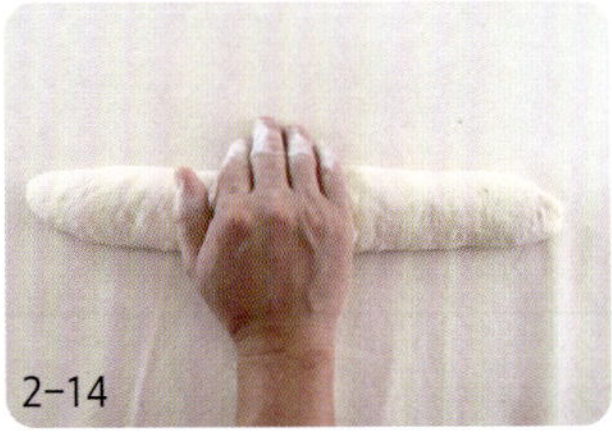

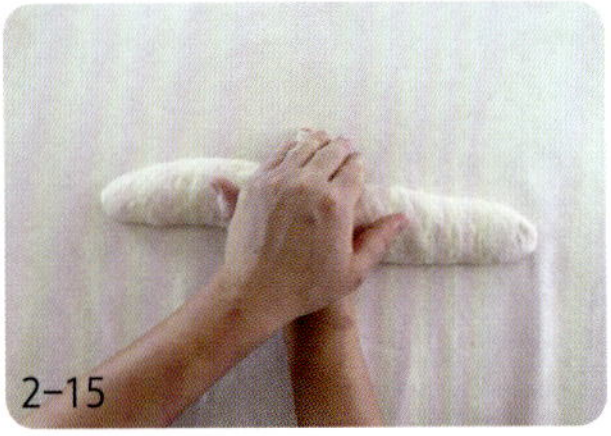

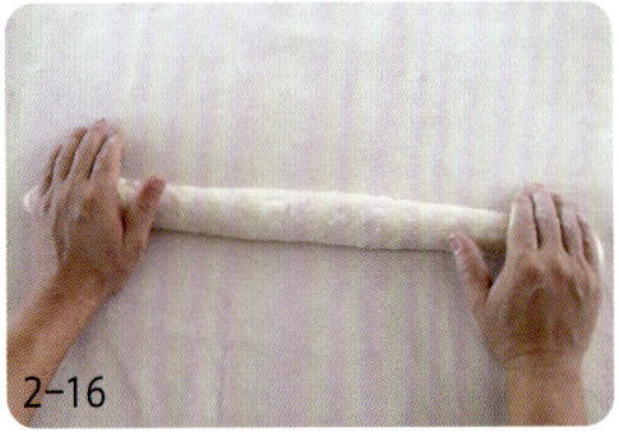

7 最后发酵

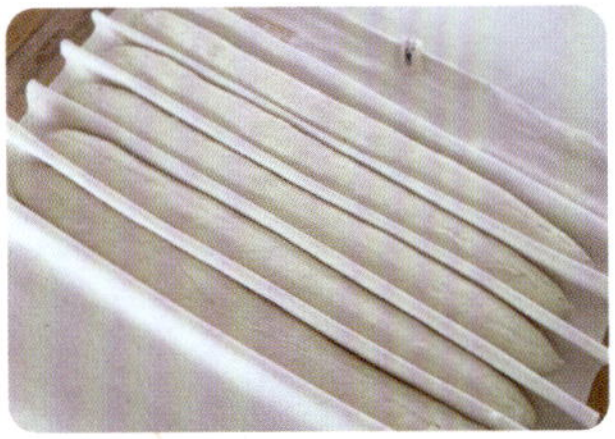

❶ 将成形好的法棍面团摆放在发酵布上，底部朝上，整理好。

❷ 进行最后发酵，发酵温度26℃，湿度70%～80%，时间约40分钟。

8 烤前冷藏

注：冷藏的目的是为了更好地割刀以及入炉之后的膨胀力表现更好。

将发酵好的面团放入3℃的冰箱中冷藏30～60分钟。

9 烤前装饰

1 将冷藏好的法棍面团转移到高温布上。

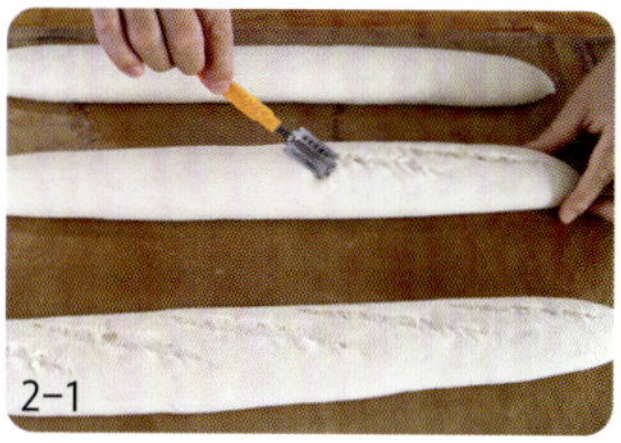

2 割5刀。

10 烘烤

1 烘烤温度上火260℃，下火240℃，入炉后喷蒸气3秒，烘烤约25分钟。

2 至色泽有质感、有光泽，面包腰部呈现脆感即可出炉。

11 成品展示

心得分享

法棍是技术难度很高的面包，需要将每个细节控制好才能做出一根好的法棍。面团搅拌、温度控制、发酵状态控制、成形控制、割刀角度深浅、烘烤温度和时间，每一个流程的细节掌握都对法棍的成品有很大影响，所以一定要注意将细节把控到位。

本书中所用的烘焙机器均为韩焙企业制造的高品质、性能可靠的专业烘焙机器，其广泛应用于制饼、制面包工厂、大型超市、学校、福利馆、宾馆、西餐厅、咖啡馆、快餐厅等场所。

韩焙企业专业制造食品机器及烘焙机器，于2003年在制饼及面包，厨房用具的设备开发、制造及附加服务方面通过了ISO9001：2000认证。凭借高品质的产品、完善的售后管理和诚实的态度得到广泛认可。

120m²

韩式烤炉X冷藏醒发箱X热风炉